Xavier Raymond

Die CO2-Agenda der neuen Weltordnung

Die Theorie des anthropogenen

Klimawandels als Allzweckwaffe

für die Errichtung einer neuen

sozialistische Weltordnung

Herstellung und Verlag: BoD-Books on Demand, Norderstedt

Kontakt: klima-agenda@gmx.de

Coverbild Quellen:

https://triviali.de/klimawandel/

https://triviali.de/wp-content/uploads/earth-216834_1920-
1024x678.jpg

Das Werk, einschließlich seiner Teile, ist urheberrechtlich
geschützt. Jede Verwertung ist ohne Zustimmung des Verlages
und des Autors unzulässig. Dies gilt insbesondere für die
elektronische oder sonstige Vervielfältigung, Übersetzung,
Verbreitung und öffentliche Zugänglichmachung.

Inhaltsverzeichnis

1 Glauben und Wissen

Der menschengemachte Klimawandel ist *das* bestimmende Thema, dass seit Herbst 2018 in der Berichterstarrung praktisch alles dominiert. In der Politik scheint es kein wichtigeres Problem zu geben. Von morgens bis abends werden wir damit berieselt. Dass es sich dabei um eine professionell geplante Medien-Kampagne handelt, spüren immer mehr Menschen.

Weltweite Propaganda und eine neue Quasi-Religion

Konzertierte, internationale Kampagnen werden gefahren, um die Klima-Agenda massiv zu pushen und Weltuntergangs-Visionen in die Köpfe der Menschen einzupflanzen, von den Fridays for Future Schulstreiks bis zu den Extinction Rebellion Demonstrationen. Welche Personen und Organisationen dies alles finanzieren, bleibt im Hintergrund und wird in den Leitmedien selten thematisiert.

Die Bewegung der selbsternannten „Klimaretter" zeigt zudem praktisch alle Elemente einer Religion bzw. einer Sekte. So gibt es Millionen von „Gläubigen", die sich auf Konferenzen, bei Vorträgen und auf Demonstrationen zusammenfinden. Es gibt „Heilige" wie Greta Thunberg und Lisa Neubauer, denen viele Menschen folgen. Es gibt „Priester", wie Hans Joachim Schellnhuber vom Potsdam-Institut für Klimafolgenforschung e.V. oder Harald Lesch vom ZDF, die über die Leitmedien Ihre „Religion" verbreiten.

Es gibt natürlich auch „Ketzer", also die sogenannten Klimaleugner, die als „Ungläubige" gebrandmarkt werden. Und es gibt, genau wie bei der katholischen Kirche im Mittelalter, einen Ablasshandel für „Klimasünder" in Form einer CO2-Steuer für die Verbraucher und Emissionsrechte-Zertifikaten für die Industrie.

Das Thema menschengemachter Klimawandel - und was man dagegen unternehmen will - wird einheitlich von den meisten Parteien und Leitmedien massiv vorangetrieben. Seit 2010 gibt es im deutschen Fernsehen auch keine Diskussion mehr darüber, ob es einen menschengemachten Klimawandel gibt oder nicht. Er wird einfach als Tatsache angenommen und völlig ohne wissenschaftliche Grundlage als bewiesen dargestellt. Es muss wichtige Gründe geben für diese erstaunliche Gleichschaltung bei Politik, Medien und Industrie, für diese konzertierte Aktion, die offensichtlich von „ganz oben" gesteuert wird. Warum das so ist, welche Agenda sich dahinter verbirgt, das ist das Thema dieses Buches.

Fakten

Der Klimawandel durch CO2 ist eine Erfindung, eine dreiste Lüge. Ein Zeitaufwand von nur ein bis zwei Stunden würde völlig ausreichen, um dies zu erkennen, wenn man sich abseits der Leitmedien ergebnisoffen im Internet informieren würde. Aber auf diese Idee scheint die breite Masse der Bevölkerung leider nicht zu kommen, sie glauben den vertrauten Medien. Warum die meisten Menschen so unkritisch und gutgläubig sind, wird in einem späteren Kapitel (Nr. 12) ausführlich erläutert.

Hier zunächst - zum Einstieg - eine kompakte Übersicht der wichtigsten Fakten, die gegen die Theorie des menschengemachten Klimawandels sprechen:

Klimagate - im Jahr 2009 wurden von WikiLeaks e-mails veröffentlicht, aus denen man entnehmen konnte, wie einige prominente Wissenschaftler Daten manipuliert haben, so dass sie zum Modell des menschengemachten Klimawandels passen.

Global Warming - nach der offiziellen Theorie ist die Durchschnittstemperatur seit 1850, dem Beginn der Industrialisierung, immer weiter angestiegen. Seltsamerweise ist die Temperatur aber ausgerechnet im Zeitraum von 1940 bis 1975, der Epoche des „Wirtschaftswunders", nach offiziellen Daten kontinuierlich nach unten gegangen. Wie soll das nach der offiziellen Logik erklärt werden?

Die dreiste Verdrehung von Ursache und Wirkung – Der CO2-Anstieg ist die Folge des Temperaturanstiegs. Die Ozeane speichern etwa 80% des CO2, bis zu einer Tiefe von 4.500 Metern. Steigt die Temperatur auf der Erde, löst sich das CO2 dann wieder und steigt in die Atmosphäre auf. Die Daten und Computermodelle werden einfach so lange manipuliert, bis Ursache und Wirkung vertauscht waren und die gewünschten Ergebnisse herauskamen.

Die Klimaerklärung - In einem offenen Brief haben sich 500 internationale Wissenschaftler und Fachleute aus dem Bereich Klima und verwandten Bereichen vor dem Hintergrund des UN-Klimagipfels 2019 in New York und dem Hype um das schwedische Mädchen Greta an den UNO Generalsekretär Guterres und an die Leiterin des UN-Klimasekretariates Cantellano in Bonn gewendet. In ihrer „Europäischen Klimaerklärung" wenden sie sich gegen die sinnlose Verschwendung von Billionen Dollar auf der Grundlage unwissenschaftlicher Annahmen und unreifer Klimamodelle. Unter anderem heisst es in dem Brief: „CO2 ist kein Schadstoff. Es ist wesentlich für alles Leben auf der Erde. Die Photosynthese ist ein Segen. Mehr CO2 schont die Natur und die Erde: Zusätzliches CO2 in der Luft hat das Wachstum der globalen Pflanzenbiomasse gefördert. Es ist auch gut für die Landwirtschaft und erhöht die Ernteerträge weltweit." Und: „Es gibt keinen Klimanotfall. Daher gibt es keinen Grund für Panik und Alarm. Wir lehnen die für CO2 vorgeschlagene schädliche und unrealistische 2050-Null-Strategie nachdrücklich ab."

Die 97% Lüge - Die oft zu lesende Zahl von 97 Prozent Übereinstimmung beruht auf einer Metastudie von John Cook aus dem Jahr 2013 und erweckt den Eindruck, die Mehrheit der Klimaforscher seien vom menschengemachten Klimawandel überzeugt. Tatsächlich aber wurden Studien, welche die Ursache offen ließen, einfach herausgerechnet. Das bedeutet, es geht nur um 97 Prozent jener Studien in Wissenschaftsmagazinen, die überhaupt eine These zu Ursachen des Klimawandels aufstellten. Gemessen an der Gesamtheit der untersuchten Studien reduziert sich so die Zahl von 97 Prozent auf nur 32,6 Prozent. Aber auch diese Zahl umfasst alle Studien, die überhaupt einen Beitrag des Menschen zur Erderwärmung für möglich halten, sei er auch noch so klein und im Ergebnis kaum relevant. Tatsächlich hat eine spätere Überprüfung von Cooks Metastudie festgestellt, dass nur 41 bzw. 0,3 Prozent der von diesem untersuchten Studien zu der Ansicht kamen, dass der grösste Anteil der Erderwärmung seit 1950 anthropogen, also menschengemacht sei.

Das Gerichtsurteil - Ein kanadisches Gericht hat 2019 gegen Michael Mann entschieden, der die legendäre "Hockeyschläger"-Klimakurve erstellt hat. Mann konnte dem Richter keine wissenschaftlichen Belege für seine Theorie vorweisen. Er unterlag daher in einem jahrelangen Rechtsstreit gegen Tim Ball, Professor für Klimatologie an der Universität von Winnipeg und Autor zahlreicher Bücher über Klimawissenschaften. Mann weigerte sich beharrlich, dem Gericht seine Rohdaten und Rechenformeln vorzulegen, denn dann wäre die Manipulation ans Licht gekommen.

Michael Mann ist „Mister Hockey-Stick", der mit seiner berühmten Hockeyschläger-Kurve 1998 die Grundlage für die Klima-Panik legte. Er dramatisierte die Temperaturentwicklung der jüngsten Zeit, indem er die Verlaufskurve am Ende durch Manipulation der Daten willkürlich steil nach oben gehen liess. Weltbekannt wurde sie durch Al Gore, der sie in jedem seiner Vorträge einbaute und auch im Film „Eine unbequeme Wahrheit" zeigte.

Der marginale Effekt der Energiewende

Nur drei Prozent des CO_2-Ausstosses sind menschengemacht. Allein dieser Fakt sollte jeden Menschen skeptisch machen, ob die offizielle Theorie stimmen kann. Dieser kleine Anteil soll existenzbedrohend für die Zukunft der Erde und der Menschheit sein?

Selbst wenn die offizielle Klimatheorie richtig wäre, ist es nicht schwer zu bereifen, dass die Energiewende, wie sie in Deutschland durchgeführt werden soll, rein mathematisch betrachtet global gar nichts bewirken kann.

Bekanntlich beträgt der CO_2-Anteil an der Luft ungefähr 400 ppm, d.h. 400 Moleküle auf eine Menge von 1.000.000 (hauptsächlich Sauerstoff und Stickstoff), also vier auf 10.000 oder eins auf 2.500. Da ca. 97 % der CO_2-Moleküle natürlichen Ursprungs sind, bilden die menschengemachten also nur 1/33 der Gesamtmenge, d.h. Ein CO_2-Molekul kommt auf 82.500 Luftmoleküle.

Von den menschengemachten CO_2-Molekülen entfällt auf Deutschland ein Anteil von ca. 2%, d.h. ein „deutsches" CO_2-Molekül von 4.125.000 in der Luft. Wenn wir jetzt (was sehr unwahrscheinlich ist) 50% davon einsparen könnten, dann haben wir noch ein „deutsches" CO_2-Molekül auf 8.250.000 Gesamtmoleküle in der Luft statt wie vorher zwei. Mit anderen Worten: Die Energiewende verringert die Anzahl der weltweiten CO_2-Moleküle durch die deutsche Energiewende nur um lächerliche 0.000012 %.

2   Svante Arrhenius – Der Trickser

CO2 ist ein Grundbaustein des Lebens. Neben Sonnenlicht, diversen Nährstoffen, u.a. Stickstoff, aus der Erde und Wasser ist es die Nahrung für alle Pflanzen. Das weiss jeder Mensch, der im Biologieunterricht aufgepasst hat.

Die Fotosynthese ist der bedeutendste Stoffwechselvorgang der Erde. Bei diesem biochemischen Prozess wird Kohlendioxid (CO2) und Wasser unter Verwendung von Lichtenergie in Biomasse (Kohlenhydrate) umgewandelt. Als „Abfallprodukt" entsteht dabei Sauerstoff. Je mehr CO2 -"Nahrung" sich in der Nähe der Pflanzen befindet, um so schneller und üppiger wachsen sie. Daher verwenden viele Gärtnereibetriebe CO2-Generatoren in Ihren Gewächshäusern, um den Ertrag zu steigern. Trotz dieser Fakten demonstrierten seit Ende 2018 hunderttausende Schüler weltweit Freitags gegen den Klimawandel und gegen das böse „Treibhausgas" CO2.

Wo hat diese wahnsinnige Idee des Klimawandels durch von den Menschen produziertem CO2 ihren Ursprung? Irgendjemand muss sich doch dieses Konzept ausgedacht haben.

Dieser Mensch kann eindeutig identifiziert werden. Sein Name ist Svante Arrhenius. Er ist übrigens der Urgroßvater von Greta Thunberg. Ahnen Sie etwas?

„Svante August Arrhenius (Aussprache: [ˌsvanːtə aˈʁeːniɵs]; * 19. Februar 1859 auf Gut Wik bei Uppsala; † 2. Oktober 1927 in Stockholm) war ein schwedischer Physiker und Chemiker. 1903 erhielt er den Nobelpreis für Chemie. Er wies nach, dass in Wasser gelöste Salze als Ionen vorliegen. Die Salze zerfallen im Wasser vielfach nicht vollständig in Ionen, sondern nur – abhängig von der Konzentration – zu einem bestimmten Prozentsatz; Arrhenius prägte hierfür das Wort Aktivitätskoeffizient.

1896 sagte er als Erster eine globale Erwärmung aufgrund der anthropogenen Kohlendioxid-Emission voraus.
Svante August Arrhenius wurde als Sohn von Svante Georg Arrhenius (1813–1885) und seiner Frau Carolina Christina (geb. Thunberg) (1820–1906) auf dem Gut Wik am Mälarsee geboren.“
https://de.wikipedia.org/wiki/Svante_Arrhenius

Von der Wissenschaft zur Religion

Arrhenius erfand die Theorie, dass Kohlendioxid der Verursacher der steigenden Temperaturen sei, da seine Konzentration in der Luft angestiegen sei. Mittlerweile konnte die Wissenschaft unzweifelhaft belegen, dass in der Erdgeschichte der CO_2-Anstieg immer mit einer Verzögerung von hunderten Jahre nach den Erwärmungen stattfand – also nicht deren Ursache, sondern dessen Folge war.

Der grösste Speicher für CO2 ist mit ca. 80% das Meer, die Ozeane. Wenn es auf der Erde wärmer wird, löst sich das CO2 und steigt in die Atmosphäre. Dieses Phänomen können Sie selbst zu hause ganz einfach überprüfen. Stellen Sie eine eiskalte und eine warme Flasche Mineralwasser nebeneinander und schauen Sie sich die unterschiedliche Freisetzung der Kohlensäure an.

Wie schafft man es, aus dem harmlosen Kohlendioxid, dass einen verschwindend geringen Anteil von 0,038% in der Atmosphäre hat, einen bösen „Klimakiller" zu machen? Dazu reicht die pure Erfindung einer Theorie natürlich nicht aus. Dazu muss eine komplette Geschichte inklusive Weltuntergangsvision erzählt werden, die medial mit effekthaschenden Bildern geschmückt wird. Die Erzählung heisst „Treibhauseffekt", die Untergangsvision „steigender Meeresspiegel" und die schaurig-schönen Bilder die dazu

gezeigt werden, sind Grafiken von schmelzende Polkappen und
Bilder von Eisbären, die auf Eisschollen einsam im Meer
treiben.

Emotionen sind extrem wichtig für den Erfolg der
Gehirnwäsche. Sind die Emotionen im Spiel, dominieren sie
den Verstand. Gefühle sind bei vielen Menschen (leider) viel
wirksamer als rationale Argumente, das erklärt den eifrigen
Fanatismus der Klimaretter.

Beim zweiten Grossthema der Globalisierungsfanatiker, der
Masseneinwanderung, funktioniert es genau so. Hier heisst die
offizielle Story „Asyl für Geflüchtete aus Kriegsgebieten" und
nicht wie es eigentlich heissen müsste: unkontrollierte
Einwanderung von Wirtschaftsmigranten. Fakten und Zahlen
werden unterdrückt oder verfälscht. Emotionen stehen im
Vordergrund. Die Fernsehbilder zeigen Menschen mit
Schwimmwesten in Schlauchbooten oder weinende Kinder.
Propaganda funktioniert immer gleich mit diesen beiden
zentralen Elementen: die permanente Wiederholung des
Narrativs und das Zeigen emotionaler Bilder in den Medien.

Die Manipulation beginnt schon bei der Sprache. Schon die
Begriffe, die von den Leitmedien nahezu einheitlich verwendet
werden, sind Propaganda. Sprache bestimmt das Denken, das
wird massiv unterschätzt. So sind alle entscheidenden Begriffe
bereits ideologisch eingefärbt, um die Menschen in die

gewünschte Richtung denken zu lassen. Hier ein paar
Gegenüberstellungen:

- Klimawandel → Klimakrise
- Globale Erwärmung → Globale Erhitzung
- Spurengas CO2 → Treibhausgas CO2
- Klimaskeptiker → Klimaleugner

Der Treibhauseffekt

Angeblich kann die Atmosphäre das zusätzlich von den
menschlichen Aktivitäten verursachte CO_2 (nur 3%) nicht
verkraften, wodurch es einen „Rückkopplungseffekt" mit der
Temperatur gebe. Vereinfacht ausgedrückt: Die Temperatur
steigt – das CO_2 steigt – die Temperatur steigt noch mehr usw.
Für diese These gibt es keinen Beweis. Man behauptet einfach,
alle anderen Ursachen für die Erderwärmung ausschließen zu
können.

Von entscheidender klimatischer Bedeutung ist bei den
Strahlungsvorgängen in der Atmosphäre, dass die langwellige
Wärmestrahlung der erwärmten Erdoberfläche die Atmosphäre
größtenteils nicht auf direktem Wege verlässt, sondern von
atmosphärischen Spurengasen, den natürlichen Treibhausgasen,
und Wolken zunächst absorbiert wird. Spurengase und Wolken
emittieren diese Energie einerseits an den Weltraum und
strahlen sie andererseits in Richtung Erdoberfläche zurück, die

dadurch zusätzlich aufgeheizt wird und wiederum langwellige Strahlung an die Atmosphäre emittiert, die diese wieder Richtung Erdoberfläche abstrahlt usw.

Die Eisbären

Die Erzählung vom aussterbenden Eisbär bezieht sich auf einer einzigen Population in der westlichen Hudson Bay. Diese ist um ein Viertel geschrumpft. Wie es aber mit der Art insgesamt aussieht, wird in den Mainstream-Medien gezielt verschwiegen. Wie es in Wirklichkeit ist, erfahren wir nur in den freien Medien, in diesem Fall bei Epoch Times:

>>In Kanada darf eine Zoologie-Professorin und Eisbärenexpertin nicht mehr an der Uni unterrichten, weil sie das Unsagbare sagte: Die Eisbärenpopulation ist nicht bedroht – im Gegenteil, sie gedeiht und die Eisbären verhungern im Sommer auch nicht massenhaft wegen der Eisschmelze, wie so gerne von Klimaschützern behauptet. Sie verwies diese Aussagen ins Reich der Fake-News. Doch Tatsachen will man nicht hören und so gilt an der Universität in Victoria für die Expertin Sprechverbot. (…)

Crockfords „Verbrechen": Sie deckte auf, dass die Eisbärenpopulation entgegen der Modellrechnungen trotz der globalen Erwärmung zu und nicht abgenommen hat. (...)

„2007 gab es die eine Vorhersage, dass zwei Drittel der Eisbären auf der Welt verschwunden sein werden, wenn das Meereis auf etwa 42 Prozent unter das Niveau von 1979 fällt…. Nach unseren Recherchen ist die Anzahl der Polarbären jedoch nicht gesunken, sondern sogar um mindestens 16 Prozent und wahrscheinlich sogar noch mehr gestiegen. Die Bären gedeihen also, obwohl das Meereis dramatisch zurückgegangen ist“, so Rockford in einem Interview mit Breitbart. Die Mär vom verhungernden Eisbären sei die Grundlage für die Angst vor dem „Klimakollaps“ und daher so wichtig für die derzeitigen Weltretter.<<

28 Oktober 2019, Den Eisbären geht es gut
https://www.journalistenwatch.com/2019/10/28/eisbaeren-geht-es-gut-professorin-darf-nicht-mehr-unterrichten/

Die Erde ist grüner geworden

Wie ist der Zustand der Erde was den Wald betrifft? Droht eine Versteppung? Diesen Eindruck muss man ja zwangsläufig bekommen. Denken sie nur einmal an die Fernsehbilder im Jahr 2019: Waldbrände in Kalifornien, in Portugal und im Amazonas, Dürre und verendete Wildtiere in Afrika. Nicht zu vergessen die Brandrodungen für Monokulturen in Asien. Die Sache ist - gefühlt - eindeutig. In der Summe wird der Wald bestimmt weniger, da ist man sich sicher. Und keine Regierung auf der Welt macht etwas dagegen.

Falsch! Schon wieder einmal stellen wir fest, dass wir von den Medien nicht ausgewogen informiert werden. Die folgende Meldung habe ich im Rahmen meiner Recherche für dieses Buch durch Zufall gefunden. Durch eine Meldung im Fernsehen war sie mir nicht bekannt.

Die Welt ist buchstäblich ein grünerer Ort als vor 20 Jahren, so lautet das Ergebnis einer NASA -Studie aus dem Jahr 2016. Die Daten der Satelliten haben diese neuen Pflanzen hauptsächlich in zwei Ländern gefunden: China und Indien. Im Vergleich zu den frühen 2000er Jahren kommen jetzt mehr als zwei Millionen Quadratkilometer grüne Fläche pro Jahr dazu, was einer Steigerung von 5% entspricht. Alles in allem bedeutet die Begrünung unseres Planeten in den letzten zwei Jahrzehnten eine Zunahme an Pflanzen und Bäumen, die der Fläche aller Regenwälder im Amazonasgebiet entspricht.

Der Grund für diese Entwicklung ist hauptsächlich auf ehrgeizigen Baumpflanzprogramme in China und intensiver Landwirtschaft in beiden Ländern zurückzuführen. Im Jahr 2017 brach Indien seinen eigenen Weltrekord für die meisten gepflanzten Bäume, bei dem Freiwillige in nur 12 Stunden 66 Millionen Setzlinge pflanzten.

Möglich wird diese Beobachtung durch das Moderate Resolution Imaging Spectroradiometer (MODIS) der NASA.

Seit 20 Jahren umkreisen zwei Satelliten den Globus und schicken hochauflösende Bilder zur Erde. Danke, NASA.

Der Meeresspiegel

Die wichtigste Weltuntergangsvision der Klimahysteriker ist der steigende Meeresspiegel. Diese ist hervorragend geeignet für die bildliche Darstellung und macht die Klimapanik emotional erlebbar. Die Propaganda dafür wurde in den den 80er Jahren gestartet, mit dem Titelbild des Magazins „Der Spiegel" auf dem der Kölner Dom gezeigt wurde, dessen Grundmauern im Wasser standen. In die Realität übersetzt würde das bedeuten, dass ganz Norddeutschland und die Niederlande komplett unter Wasser stehen würden. Der „Spiegel" scheint sich der Aufgabe verpflichtet zu fühlen, Angst und Panik zu verbreiten. Man erinnert sich, dass dieses Magazin selbst zuvor schon das Ozonloch und das Waldsterben zum Titelthema gemacht hatte.

Fun Fact: In den letzten Jahren kaufte Al Gore ein Haus in Strandnähe und Barack Obama ein Ferienhaus auf einer Insel vor der US-Ostküste

Tatsache ist: Der Meeresspiegel steigt gegenwärtig maximal um drei Millimeter pro Jahr. Für ein deutliches Ansteigen gibt es keine Anhaltspunkte und für Panikmache besteht kein Anlass.

Fazit:

> *„Die globale Erwärmung ist ein Gespenst, das bei allen Tests auf seine reale Existenz durchgefallen ist. Klimatologen wie Sie, Herr Prof. Rahmstorf, stricken mit der Autorität Ihres Titels an einer Legende, die unsere Volkswirtschaft nach Schätzung des Wirtschaftsministeriums 250 Mrd. Euro bis 2020 kosten wird – und wenn sie den erhofften Erfolg hat, wird sie die globale Temperatur bis 2050 um 0,02 Grad Celsius senken. Werden Sie Ihrer Verantwortung gerecht und tragen Sie dazu bei, einer unvernünftigen Politik (Zertifikatshandel) mit unvernünftigen Zielen (Verminderung der Nahrungsmittelproduktion, Verteuerung der Energie, Verlust von Arbeitsplätzen) ein Ende zu machen!"* **Alvo von Alvensleben**, Dipl.-Physiker

3 Maurice Strong – Der Stratege

Jede Idee, die von den wirklich mächtigen Organisationen
dieser Welt erdacht wurde, also von dem Zentralbankenkartell,
der Trilateralen Kommission, dem Club of Rome, dem Council
of Foreign Relations,, dem militärisch-industriellem Komplex,
den Illuminaten, den Freimaurern, dem Komitee der 300,
braucht einen Organisator, einen Strategen. Die Person, die mit
der weltweiten Durchsetzung dieser Agenda betraut wurde, ist
eindeutig zu identifizieren, taucht in den Medien ab nie auf.
Sein Name ist Maurice F. Strong, ein kanadischer
Multimillionär.

„Maurice Frederick Strong, PC, CC, OM, FRSC (* 29. April
1929 in Oak Lake, Manitoba; † 27. November 2015 in Ottawa,
Ontario) war ein kanadischer Unternehmer und
Ministerialdirektor. Anfang der 1970er Jahre war er
Generalsekretär der Konferenz der Vereinten Nationen über die

Umwelt des Menschen, bevor er 1972 erster Generaldirektor des Umweltprogramms der Vereinten Nationen wurde.

Anschließend wechselte er in die Privatwirtschaft und wurde zum Vorstandsvorsitzenden von Petro-Canada ernannt, wo er von 1976 bis 1978 tätig war. Danach war er Chef des Stromkonzerns Ontario Hydro und des Wasserversorgungsunternehmens American Water Development Incorporated.

Strong war Ehrenprofessor an der Universität Peking und Ehrenvorsitzender ihrer Umweltstiftung, ferner Vorsitzender des Beratungsgremiums des Instituts für Forschung und Sicherheit und Nachhaltigkeit für Nordostasien.

Strong wurde als führende Figur in der internationalen Umweltbewegung angesehen. Er war Präsident des Rats der Vereinten Nationen für die University for Peace (Friedensuniversität) von 1998 bis 2006.“

https://de.wikipedia.org/wiki/Maurice_Strong

Maurice F. Strong wurde damit beauftragt, die völlig frei erfundene Agenda des durch CO2-Emissionen menschlichen Ursprungs verursachten Klimawandels in der Politik und in der Wissenschaft zu implementieren. Diese Aufgabe hat er mit großem Erfolg umgesetzt. Die Verbreitung dieser Agenda im politischen Sinn erfolgte über den Club of Rome und über die Agenda 21 der UN, die dann weitergeleitet wurde über supranationale Organisationen wie die EU, dann weiter zu den einzelnen Ländern und dann bis in Städte und Gemeinden. Die Verbreitung auf dem „wissenschaftlichen" Weg erfolgte per UBPCC und dem IPCC. Dies ist die simple Erklärung dafür, dass sich die Idee des „menschengemachten Klimawandels" im Laufe der Zeit durch alle Instanzen verbreiten konnte.

Der Club of Rome

Die Organisation wurde 1968 durch David Rockefeller gegründet und zählt einige der einflussreichsten Entscheidungsträger des Planeten zu ihren Mitgliedern. Zu ihren Mitgliedern gehören frühere Staatschefs, UN-Bürokraten, hochrangige Politiker und Regierungsbeamte, Diplomaten, Forscher, Ökonomen und Geschäftsführer aus der ganzen Welt.

Bei dem 1972 veröffentlichten Buch des Club of Rome mit dem Titel *„Die Grenzen des Wachstums"* handelte es sich um eine malthusianische Blaupause, wie man die menschliche Bevölkerung reduzieren muss um einen ökologischen Zusammenbruch zu verhindern – an sich bereits eine kaum verhüllte Version der widerlichen Eugenik-Ideen, die zu Beginn des 20. Jahrhunderts zirkulierten und schließlich mit Hitler ausstarben. Die umfangreich widerlegte Paranoia der Bevölkerungsbombe der 70er und 80er Jahre ist dann schrittweise durch die Klimawandel-Angsttreiberei ersetzt worden, welche heute seitens der Organisation vorangetrieben wird, wobei es sich hier lediglich um ein Wiederkäuen von Strategien der von Eugenik besessen Elite handelt.

> *„Auf der Suche nach einem neuen Feind, um uns zu vereinen, kamen wir auf die Idee, dass Umweltverschmutzung, die Bedrohung durch Erderwärmung, Wasserknappheit, Hunger und Ähnliches ihren Zweck erfüllen würden. Die Erde hat Krebs, und der Krebs ist der Mensch.“…*
> *„Der wahre Feind ist dann der Mensch selbst.“*
> *Die „daraus resultierende ideale, tragfähige Erdbevölkerung liegt demnach bei über 500 Millionen, aber weniger als einer Milliarde.“*
> **Club of Rome**

Der mächtigste Mann hinter dem Klimaschwindel

>>In den siebziger Jahren, nachdem er selbst durch die kanadische Ölindustrie sehr reich geworden war, kam Strong zu der Einsicht, dass der Schlüssel zu seiner Vision „Umweltaktivismus“ war – der einzige Grund, den die UN ausbeuten konnten, um sich selbst zu einer wahrhaft mächtigen Weltregierung zu machen.

Als überragender politischer Operator rief er im Jahre 1972 eine
UN-„Umweltkonferenz" in Stockholm zusammen, um zu
erklären, dass die Ressourcen der Erde das gemeinsame Erbe
der gesamten Menschheit seien. Sie sollten nicht länger nur
zum Vorteil einiger Weniger ausgebeutet werden auf Kosten
ärmerer Länder auf der ganzen Welt.

Zu diesem Zweck wurde er Gründungsdirektor einer neuen
Agentur, nämlich dem UN Environment Programme (UNEP),
und in den achtziger Jahren übernahm er das Anliegen einer
kleinen Gruppe internationaler Meteorologen, die zu dem
Glauben gekommen waren, dass die Welt vor einer
katastrophalen Erwärmung steht. Im Jahre 1988 hat die UNEP
diese kleine Gruppe gesponsert, damit diese das IPCC der UN
ins Leben rufen konnte.

Im Jahre 1992, inzwischen fest verbunden mit dem IPCC,
vollführte Strong seinen größten Coup, als er eine weitere neue
Körperschaft, das UN Framework Convention on Climate
Change (UNFCCC) ins Leben rief, um jenen kolossalen
„Erdgipfel" über die Bühne zu bringen, dem er in Rio vorstand.
Er brachte es zuwege, dass sich nicht nur 108 Führer der Welt
und 100.000 andere Personen dort versammelten, sondern auch
20.000 von den UN geförderten „grünen Aktivisten".
Es war das UNFCCC, welches im Endeffekt seitdem die
globale Klimaagenda diktiert hatte. Nahezu jährlich hielt es
riesige Konferenzen ab, beispielsweise jene in Kyoto (1997),

Kopenhagen (2009) und jetzt in Paris. Und über allem stand Strongs Ideologie, eingemeißelt in Rio auf der „Agenda 21", welche seitdem den gesamten Prozess begleitet hat. Im Zentrum stand das Prinzip, dass die reicheren entwickelten Länder für ein Problem bezahlen müssten, das sie erzeugt haben, zum finanziellen Vorteil all jener „Entwicklungsländer", die dessen Hauptopfer waren.<<

Der mächtigste Mann hinter dem Klimaschwindel
http://www.thegwpf.com/christopher-booker-farewell-to-the-man-who-invented-climate-change/
Übersetzt von Chris Frey, EIKE

Das IPCC

Die maßgebliche Institution bei der Propaganda des menschen-gemachten Klimawandels ist der IPCC, der im öffentlichen Sprachgebrauch meist (fälschlicherweise) als „Weltklimarat" bezeichnet wird. Diese Bezeichnung suggeriert, dass es sich hier um eine Behörde oder eine von staatlicher Seite gegründete Organisation handelt, was nicht der Fall ist. Das IPCC ist weder staatlich noch neutral, sondern wurde 1988 als politische Organisation mit einem genau definierten Auftrag gegründet: „das Liefern international koordinierter wissenschaftlicher Bewertungen zu Ausmaß, zeitlicher Dimension und möglichen ökologischen und sozio-ökonomischen Auswirkungen des Klimawandels sowie zu realistischen Reaktionsstrategien". Der menschengemachten Klimawandel wird nicht in Frage gestellt, er wird als Tatsache vorausgesetzt.

Die Wissenschaftler des IPCC arbeiten zwar angeblich ehrenamtlich, aber natürlich haben sie darüber hinaus gut bezahlte Professuren und Lehraufträge, und sie wissen, was sie zu liefern haben, wenn sie die behalten wollen.

Das IPCC selbst schreibt in seinen Berichten, dass seine Prognosen auf Computermodellen und nicht auf wissenschaftlichen Experimenten beruhen. Mehrere Prognosen des IPCC haben sich bereits als falsch herausgestellt: zur Gletscherschmelze, zum Schmelzen der Polkappen, zum klimabedingten Artensterben.

WikiLeaks

Der Ruf des IPCC ist spätestens seit 2007 ruiniert, als interne E-Mails an die Öffentlichkeit gelangt sind (und bei WikiLeaks veröffentlicht wurden) welche die unseriöse Arbeitsweise des IPCC belegen. Ein Absender gestand: „Fakt ist, dass wir das derzeitige Ausbleiben der Erwärmung einfach nicht erklären können, und es ist ein Hohn, dass wir es nicht können." Ein anderer schlug vor, „künftig jene Zeitschriften, in denen Kritiker zu Wort kommen, durch einen gemeinsamen Boykott unter Druck zu setzen.".

Das IPCC selbst sagt doch die Wahrheit - allerdings auf den sehr weit hinten liegenden Seiten seiner bis über 400 Seiten langen Berichte „Klimamodelle arbeiten mit gekoppelten, nichtlinearen chaotischen Systemen; dadurch ist eine langfristige Voraussage des Systems 'Klima' nicht möglich." Ach so.

Es handelt sich hier also eindeutig nicht um ein wissenschaftliches Institut sondern eher um eine PR-Agentur.

„Der IPCC ist nichts anderes als eine politische Lobby-Gruppe, deren Mitglieder von Regierungen delegiert und finanziert werden."...

„...schlimmer ist, dass der IPCC behauptet, die Berichte seien neutral überprüft und hätten die Unterstützung der überwiegenden Zahl der Klimaforscher, was aber tatsächlich nicht der Fall ist" **John McLean**, *Mitglied der New Zealand Science Climate Coalition.*

Maurice Strong - Organisator der globalen Klima-Agenda

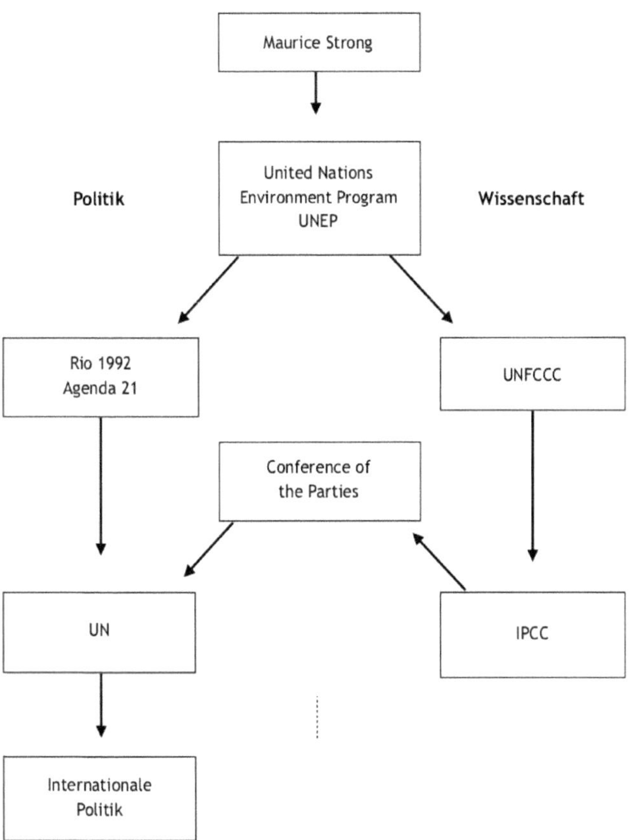

Maximale Kontrolle

Die kurzfristige Agenda ist es, den Menschen die Schuld am Klimawandel zuzuschieben und sie von einer Sinnhaftigkeit einer Energiewende und einer CO2-Steuer zu überzeugen.

Die mittelfristige Agenda ist es, die Bürger von dem Wechsel von den Verbrennern zur Elektromobilität in Verbindung mit dem autonomen (automatisiertem) Fahren zu treiben.

> *„Wir werden in 20 Jahren nur noch mit Sondererlaubnis selbstständig Auto fahren dürfen“*, **Angela Merkel**, *2017 auf einer Konferenz in Argentinien*

Die langfristige Agenda – und das kann sich fast niemand wirklich vorstellen – ist die maximale Kontrolle über das Leben der Menschen. Alles, was der Mensch macht und produziert, also Waren, Arbeit, Mobilität etc. soll in CO2 „umgerechnet“, bewertet und mit Steuern belegt werden. Dies führt – und das ist die eigentliche Agenda dahinter – zur absoluten Kontrolle aller Lebensbereiche.

Big Brother is watching You

Nimmt man jetzt noch die reale Zensur im Internet, die Löschung von kritischen YouTube-Kanälen und die geplante Bargeldabschaffung hinzu, haben wir in nicht all zu ferner Zukunft den totalitären Überwachungsstaat, so wie bereits in „1984" von George Orwell beschrieben.

>>*Im Jahr 2050 wird der eigene Lebensstil überprüft und kann transparent dargestellt werden. Es wäre z.B. möglich, alle Daten einer Person zu deren Fortbewegung, zum Wohnen, zu Konsum und Ernährung, zum Reisen u.v.m. auszuwerten.<< Aus **„Visionen 2050"**, Rat für Nachhaltige Entwicklung, c/o Gesellschaft für Internationale Zusammenarbeit (GIZ) GmbH, 2011*

Das Gespenst des Klimawandels

>>So werden Stimmen laut, die hinter der Klimahysterie eher eine ganz andere Agenda vermuten. Im Fall Deutschland ist davon auszugehen, dass die zusätzlichen Steuermilliarden dringend benötigt werden, um Merkels fatale Einwanderungspolitik zu finanzieren. Noch mehr Sorgen

machen sich viele Bürger über die Welle von Verboten, die ihnen drohen und die individuelle Mobilität, aber auch die Wohn- und Lebensverhältnisse in Mitteleuropa gründlich verändern würden. „Klimaschutz" bedeutet für die Politik zunächst einmal die Entmündigung der Bürger und ihre verstärkte Kontrolle. Auch die Wirtschaft muss sich staatlichen Klimazielen unterwerfen. Das alles klingt nach Sozialismus, nach Kollektivierung, nach Planwirtschaft. Diese Entwicklung wird keinesfalls vor den Grenzen eines Landes Halt machen. Immerhin hat die neue Präsidentin der Europäischen Kommission, Merkels Freundin und skandalumwitterte Verteidigungsministerin Ursula von der Leyen, auch für die EU den „Klimaschutz" angemahnt. Man wird argumentieren, dass sich ein globales Problem wie die angebliche Erderwärmung nicht auf nationaler Ebene lösen kann. Das bedeutet, dass immer mehr Macht und Kontrolle an multinationale Organisationen und Staatenbünde von der EU bis zu den Vereinten Nationen abgegeben werden müssen. Aufgabe nationaler Souveränität, wenn das „gemeinsame Haus brennt": sinnvoller Akt der Solidarität oder der Weg in eine globale ökosozialistische Diktatur?<<

Die Freie Welt, 20.09.2019, Dr.Hc. Hesemann, Das Gespenst des Klimawandels und wem es nutzt
https://www.freiewelt.net/nachricht/das-gespenst-des-klimawandels-und-wem-es-nutzt-10079016/

4 Al Gore – Der Promoter

Im Jahr 2000 verlor Albert "Al" Gore äusserst knapp die Präsidentschaftswahlen gegen George W. Bush. Die Stimmauszählung im Bundesstaat Florida, einem der besonders umkämpften Swing States, dauerte mehr als einen Monat. Am Ende lag Bush dort mit 537 Stimmen vorne. Damals dürfte sich Al Gore sehr darüber geärgert haben. Aus heutiger Sicht war es aber das Beste, was ihm passieren konnte. Denn seit dem hat er viel mehr Zeit, um sich als Geschäftsmann zu betätigen. Denn er ist hochintelligent, hat viele Kontakte und hat den richtigen Riecher für gute Geschäfte.

Schon damals ging es ihm finanziell nicht so schlecht. Laut bloomberg.com besaß er damals rund 1,7 Millionen Dollar. Ein Betrag, über den er heute nur milde lächeln dürfte. Sein Vermögen hat sich auf geschätzte 200 Millionen Dollar erhöht.

Wenn es in den letzten 20 Jahren jemanden gab, über den man sagen konnte er sei immer zur rechten Zeit am richtigen Ort gewesen, dann trifft das bei Al Gore den Nagel auf den Kopf.

Seit 2003 sitzt er im Aufsichtsrat von Apple. Er bekam damals die Option, 101.358 Aktien zu kaufen, was er auch tat. Ein fantastisches Geschäft, denn Stand heute (Nov. 2019) hat sich der Kurs um den Faktor 3400% erhört.

Den zweiten grossen Sprung machte Al Gores Vermögen mit einem Fernsehsender. Gore und weitere Partner hatten 2004 einen Sender für 70 Millionen US-Dollar gekauft und wollten ihn unter dem Namen Current TV als Konkurrenz zum konservativen Sender Fox News und als liberale Konkurrenz zu NBC positionieren. Das Vorhaben war wirtschaftlich nicht besonders erfolgreich. Dann meldete der arabische Fernsehsender al-Jazeera Interesse an, den Sender zu übernehmen, denn er wollte in den US-amerikanischen Markt einsteigen. Schließlich zahlten sie 500 Millionen Dollar für Current TV. Laut bloomberg.com soll Gore an dem Deal 70 Millionen US-Dollar verdient haben.

Das Geschäftsmodell Klimawandel

Ab den 2000ern entwickelte der clevere Geschäftsmann Al Gore Schritt für Schritt eine neue geniale Geschäftsidee. Das Prinzip: Man erfindet ein Problem, prophezeit Katastrophen wie

steigende Meeresspiegel, schmelzende Gletscher,
Überschwemmungen oder Dürren und bietet dann selbst die
Lösungen an. Auf der einen Seite wird mit Vorträgen, Berichten
und Medien-Kampagnen die Klimatheorie verbreitet, auf der
anderen Seite wird mit CO2-Zertifikatehandel, Hedgefonds
und Unternehmensberatung sehr viel Geld verdient. Ein
geschlossener Kreislauf, ein finanzielles Perpetuum mobile,
eine Gelddruckmaschine.

Generation Investment Management

Gore ist seit 2004 Mitbegründer und Vorsitzender der in
London ansässigen Investmentfirma Generation Investment
Management. Gore investiert dort zusammen mit sieben
weiteren Partnern das Geld vermögender Privatleute und
Pensionsfonds in Unternehmen, die sich auf Nachhaltigkeit und
Klimaschutz spezialisiert haben.

Mittlerweile verwaltet er zusammen mit seinem
Geschäftspartnern David Blood sechs Milliarden Dollar, der
Gewinn für die Fondsbetreiber wird auf über 100 Millionen
Dollar pro Jahr geschätzt. Blood gab der Süddeutschen Zeitung
ein Interview, das am 20.3.2012 unter dem Titel „Investieren in
unbequeme Wahrheiten" erschien. So ganz geheuer ist dem SZ-
Interviewer Moritz Koch das Geschäftsmodell jedoch offenbar
nicht. Er weist zu recht darauf hin, dass Anleger heute im
Vergleich zu früher ihre Papiere immer kürzer halten, während

Generation Investment gegen den Trend auf langfristige Investments setzen. Dabei hofft der Fonds bewusst auf eine Einführung von CO2-Abgaben, auf welche sich das Portfolio der Fonds dann einzustellen hat.

> *„Wir müssen endlich überall einen Preis auf Kohlendioxid erheben. Entweder durch eine CO2-Steuer mit Erstattungen für all jene, die den Ausstoß dieses Klimagases vermeiden. Oder durch einen CO2-Handel mithilfe von Zertifikaten. Ich bin dafür, beide Wege zu gehen. Einige Länder haben damit ja auch schon Erfolg. Schweden etwa kommt vorbildlich voran."* **Al Gore** *im interview mit dem Stern, 14.12.2009*

Gore geht hier auch ein gewaltiges Risiko ein. Was ist, wenn sich später herausstellen sollte, dass die Erwärmungsprognosen deutlich übertrieben sind, wenn der Klimawandel doch nicht kommt oder sich die Theorie vom anthropogenen Klimawandel sogar als Schwindel herausstellt?
Was ist, wenn sich die Unternehmen im Portfolio nicht positiv entwickeln? Dann hat Gore in seiner Doppelrolle als Klimawarner und Fonds-Inhaber ein großes Problem.

Alliance for Climate Protection

„Die Alliance for Climate Protection war eine US-amerikanische Non-Profit-Organisation. Sie wurde 2006 von Al Gore, Nobelpreisträger und ehemaliger Vizepräsident der Vereinigten Staaten, gegründet. Mit mehr als fünf Millionen Mitgliedern weltweit war die Allianz eine der größten Non-Profit-Organisationen, die es sich zur Aufgabe gesetzt hatte, die Weltgemeinschaft über die Dringlichkeit der Umsetzung umfassender Lösungen für die Klimakrise zu informieren."

Quelle: Wikipedia

Querfinanzierung durch George Soros aufgedeckt:

Durch die Veröffentlichung tausender gehackter Dokumente durch die Gruppe „DC Leaks", kam die 2016 unbequeme Wahrheit ans Licht. Al Gore, so belegten sie, ist ein bezahlter Frontmann. Hinter der Kampagne steht der Globallist und Spekulant George Soros mit seinem „Open Society Institute". Sein Ziel: Ein Umbau der Gesellschaft („social engineering") und der Aufbau einer neuen, globalen Weltordnung.

Aus dem 20 Seiten langen Memo geht hervor :

a) George Soros versprach $10,000,000/Jahr für drei Jahre, beginnend im Jahr 2008, an die „Alliance for Climate Protection", gegründet von Al Gore zu bezahlen.

b) George Soros hat $10.000.000. pro Jahr für fünf Jahre und nach Überprüfung weitere fünf Jahre zugesagt, um die neue Climate Policy Initiative (CPI) zu gründen. Tom Heller führt den CPI noch in diesem Jahr ein, wobei der Schwerpunkt auf der Rechenschaftspflicht und Transparenz der Regierungen liegt.

Die OSI finanziert derzeit einige zusätzliche Anstrengungen, unter anderem:

500.OOO $/Jahr in den Jahren 2008-2009 zur Unterstützung der Energy Action Coalition, die eine robuste Jugendklimabewegung in den USA aufgebaut hat und routinemäßig durchgeführt.

300.000 $ für Avaaz als allgemeiner Unterstützungszuschuss, um es ihr zu ermöglichen, ihre Kampagne zur Bekämpfung des Klimawandels zu intensivieren.

Quelle:https://www.washingtontimes.com/news/2016/aug/22/george-soros-al-gores-sugar-daddy/

Leben im Luxus

Wenn jemand wie Al Gore in Vorträgen, Interviews und
Kinofilmen ständig vor den Folgen des menschengemachten
Klimawandels warnt und das Spurengas Kohlendioxid als
„Treibhausgas" verteufelt, dann sollte man meinen, dass er auch
in seinem Privatleben mit gutem Beispiel vorangeht, dass es
beim Thema Wohnen und Reisen auf seinen CO2-Fussabdruck
achtet. Doch das ist nicht so. Al Gore kann Job und Privatleben
wunderbar trennen, schliesslich ist die Klimahysterie für ihn nur
ein „business case", ein Mittel zum Zweck. Er hat einen
Lebensstandart wie andere Multimillionäre ihn auch haben. So
besitzt er vier Häuser und zu seinen Vorträgen, bei denen er bis
zu 175.000 Dollar kassiert, reist er selbstverständlich mit dem
Privatjet an. Die Kritik an seinem Lebensstil schein ihn nicht
besonders zu stören.

Ab und zu rauscht eine kritische Meldung durch den
Blätterwald, aber schon Tage später ist alles vergessen, denn es
passiert ja jeden Tag so viel auf der Welt, das wichtiger und
sensationeller ist. 2007 reagierte die amerikanische
Öffentlichkeit teilweise empört, als bekannt wurde, dass Gores
Energieverbrauch in seiner 2,3 Millionen Dollar teuren Villa in
Nashville 20 Mal über dem des durchschnittlichen US-Bürgers
liegt. Ein konservativer Thinktank in Gores Heimatstaat
Tennessee hatte Gores Stromrechnungen eingesehen und
herausgefunden, dass der Umweltaktivist in seinem 20-Zimmer-

Haus monatlich 16.000 Kilowattstunden verbrauchte. Ein durchschnittlicher Haushalt in der Stadt benötigt lediglich 1.300 Kilowattstunden pro Monat.

Gore dementierte die Zahlen nicht, aber er begann, sein Anwesen umweltfreundlicher zu machen. Er installierte Solarzellen, baute ein Regenauffangbecken, ein geothermisches Heizsystem und ersetzte alle Glühbirnen durch Energiesparlampen. Damit war das Thema für Ihn erledigt.

2010 haben sich Al Gore und seine Frau eine luxuriöse Villa für 9 Millionen Dollar in den Hügeln von Montecito in Kalifornien gekauft. Es ist ihr viertes Haus, wie die Los Angeles Times berichtet. Das Haus steht auf 1,5 Hektar Land, hat sechs Kamine, fünf Schlafzimmer und neun Badezimmer, Wellnessbereich, Springbrunnen, perfekt manikürten Rasen, einen riesigen Garten mit Schwimmbad, nur für sich und seine Frau. Seine Fans, die 1.000 Dollar Eintritt für seine Vorträge bezahlen, haben sicher viel Verständnis dafür, dass er sich nach seinen weiten, anstrengenden Reisen als Umweltaktivist gelegentlich eine Auszeit in den Bergen gönnt.

Eine unbequeme Wahrheit

2006 erregte Al Gore Aufsehen mit dem Propagandafilm „An Inconvenient Truth", der das Ziel hat, die Welt über angebliche „Treibhausgase" und die damit verbundenen Erderwärmung zu

belehren. Basierend auf seiner gleichnamigen Vortragsreihe führt Gore als „Hauptdarsteller" durch den Film. Er lief ab dem 24. Mai 2006 in den amerikanischen Kinos. In Deutschland lief der Film am 12. Oktober 2006 unter dem Titel „Eine unbequeme Wahrheit" an. Am 25. Februar 2007 gewann der Film einen Oscar als Bester Dokumentarfilm
Der Film schilderte mit dramatischen Formulierungen und Bildern, wie schlecht es um das Weltklima bestellt ist.

„Wir Menschen haben es mit einem globalen Notfall zu tun. Die Erde hat jetzt Fieber. Und das Fieber steigt."

„Es bleiben uns nur noch zehn Jahre, um eine große Katastrophe abzuwenden, die das Klima unseres Planeten zerstören wird" **Al Gore**, *im Film „Eine unbequeme Wahrheit".*

Mit der Zeit kam heraus, dass die Filmemacher keine Hemmungen hatten, mit Unwahrheiten und Fälschungen zu arbeiten um den „Menschengemachten" Klimawandel möglichst schockierend darzustellen. Der Amerikanische Sender ABC deckte 2008 auf, dass im Film von Al Gore eine komplett computergenerierte Aufnahme aus dem Film „The Day after tomorrow" eingearbeitet wurde, die das

Verschwinden von Eisschelfen zeigt und damit auf die globale Erwärmung hinweisen soll.

https://www.newsbusters.org/blogs/nb/noel-sheppard/2008/04/22/gore-used-fictional-video-illustrate-inconvenient-truth

Al Gores unbequemer Richterspruch

Der Film „An Inconvenient Truth" sollte 2017 in England, Schottland und Wales im Rahmen des Schulunterrichts gezeigt werden. Der Lastwagenfahrer Stewart Dimmock, Vater zweier Kinder und als "School Governor" so etwas wie ein Elternbeirat, war dagegen vor Gericht gezogen.

Die Anklage: die Regierung will die Schüler politisch indoktrinieren. Man dürfe den Film deshalb grundsätzlich nicht an Schulen zeigen. Das Urteil: der Film darf gezeigt werden, aber nicht unkommentiert.

Im Herbst 2017 titelte die Londoner „Times" „Al Gores unbequemer Richterspruch", und fügte hinzu, der Film sei „übersät mit neun unbequemen Unwahrheiten… Die Lehrer müssen ihre Schüler lediglich auf insgesamt neun inhaltliche Fehler aufmerksam machen,.. "

Diese Falschaussagen wurden vom Gericht festgestellt:

1. In naher Zukunft wird der Meeresspiegel aufgrund des Abschmelzens der westlichen Antarktis oder Grönlands um bis zu 7 Meter ansteigen. - *Dafür gibt es keine Beweise*
2. Niedrig liegende Atolle werden überschwemmt. - *Auch dafür gibt es nach Ansicht des Gerichts keine Beweise*
3. Der Golfstrom kommt zum Erliegen. - *Das IPCC hält das nicht für sehr wahrscheinlich.*
4. Al Gore zeigt in seinem Film zwei Graphiken. Eine zeigt die Entwicklung der CO_2-Emissionen, die andere die Entwicklung der Erdtemperatur. - *Die suggerierte Übereinstimmung so wie dargestellt gibt es nicht*
5. Das Abschmelzen der Gletscher am Kilimandscharo ist auf den vom Menschen verursachten Klimawandel zurückzuführen. - *Nach Ansicht des Gerichts gibt es dafür keine Beweise.*
6. Der Tschad-See trocknet wegen des Klimawandels aus. - *Es gibt viele andere Faktoren*
5. Hurricane Catrina ist Folge des Klimawandels. - *Man kann einen einzelnen Hurricane nicht auf den Klimawandel zurückführen*
6. Eisbären ertrinken, weil es nicht mehr genug Eisschollen gibt. - *Der Richter konnte dafür keinen Beleg finden*
7. Korallenriffe bleichen wegen der Erhöhung der Meerestemperatur aus. - *Das ist nicht nachgewiesen*

Die Hockeyschläger-Kurve

Die berühmte "hockey stick" graph oder „Hockeyschläger"-
Kurve ist nun endgültig erledigt. Sein Erfinder, Michael Mann
hat im August 2019 in Kanada einen Prozess vor dem Obersten
Gericht von British Columbia verloren. Den hatte er gegen Tim
Ball angestrengt. Mann zeigt sich immer sehr empfindlich
gegenüber den Vorwürfen, seine Grafik sei gefälscht und griff
immer wieder seinen ärgsten Kritiker Tim Ball scharf an. Der
81-jährige ist kanadischer Geograph und kritisiert in
zahlreichen Kommentaren und Reden die These vom
menschengemachten Klimawandel.

Michael Mann hatte Tim Ball verklagt und hat nach neun
Jahren Rechtsstreit durch alle Instanzen endgültig verloren. Das
Gericht wollte Beweise sehen, die wollte Mann aber nicht
liefern. Mann weigerte sich beharrlich, dem Gericht seine
Rohdaten und Rechenformeln vorzulegen, denn dann wäre die
Manipulation ans Licht gekommen.

Michael Mann ist „Mister Hockey-Stick", der mit seiner
berühmten Hockeyschläger-Kurve 1998 die Grundlage für die
Klima-Panik legte. Er dramatisierte die Temperaturentwicklung
der jüngsten Zeit, indem er die Verlaufskurve am Ende durch
Manipulation der Daten willkürlich steil nach oben gehen liess.

5 Hans Joachim Schellnhuber – Der Alarmist

Professor Hans Joachim Schellnhuber ist der bekannteste deutsche Klimaforscher. Seine Arbeitsschwerpunkte sind die Klimafolgenforschung und die Erdsystemanalyse. Bis September 2018 war er Direktor des 1992 von ihm gegründeten Potsdam-Instituts für Klimafolgenforschung (PIK), das unter seiner Leitung zu einem der weltweit führenden Institute im Bereich der Klimaforschung wurde.

Von 2009 bis 2016 war er Vorsitzender des Wissenschaftlichen Beirats der Bundesregierung Globale Umweltveränderungen (WBGU). Er ist langjähriges Mitglied des Weltklimarats IPCC). Er gehört zu den weltweit renommiertesten Klimaexperten, jedenfalls im Mainstream.

Schellnhuber ist kein Mann der Bescheidenheit, der leisen
Töne. Alles an ihm ist irgendwie effektheischend. Sein Auftritt,
seine Warnungen, seine Lösungsvorschläge und seine Bücher.
Alles scheint dem Ziel untergeordnet zu sein, möglichst viel
Aufmerksamkeit zu erregen. Nichts ist zufällig, alles schein
wohl kalkuliert zu sein. Und es funktioniert sehr gut. Seine
Warnungen und Prognosen finden regelmäßig Gehör bei den
Mächtigen wie auch im Volk. Selbst krasse Fehleinschätzung
kratzen nicht am Image des bekanntesten deutschen
Klimaforschers.

Der Auftritt

>>Seine Augen sind nie ganz geöffnet, und wenn er schweigt,
dann formt sich sein Mund stets zu einem spöttelnden Lächeln.
Der wohl bedeutendste deutsche Klimaforscher und Freund
großer Worte hält eigentlich nur inne, wenn es gilt, sich selbst
bei einem seiner zahlreichen Termine mit Pressefotografen
gekonnt in möglichst intellektuell wirkender Pose zu
inszenieren. Vermutlich hatte diese so aufdringlich zur Schau
getragene Attitüde des avantgardistischen Querdenkers nicht
unwesentlichen Anteil daran, dass die Zeitschrift „Cicero"
Schellnhuber noch vor einigen Jahren unter die 500
einflussreichsten Geistesgrößen im deutschsprachigen Raum
einordnete. <<

Schellnhuber bei den Grünen, Mo, 27. November 2017, Holger Douglas

https://www.tichyseinblick.de/meinungen/schellnhuber-bei-den-gruenen/

Falsche Prognose

Am 30.10.2009 hatte Hans Joachim Schellnhuber im ZDF in der „Langen Nacht des Klimas" im Dialog mit Karsten Schwanke behauptet hatte, man könne sehr leicht ausrechnen, daß bei 2 Grad globaler Erwärmung die Himalaya-Gletscher in 30 bis 40 Jahren abschmelzen würden. Drei Monate später musste der Weltklimarat IPCC zugeben, daß es sich bei der Himalaya-Schmelze-Behauptung im Weltklimabericht 2007 um einen „peinlichen Fehler" gehandelt hatte, stellte sich jedoch heraus, dass die vermeintlichen Experten dieses Gremiums die tatsächliche Eisfläche um das 15-fache zu hoch angesetzt hatten.

Die Kipp-Elemente

Seit vielen Jahren erfindet das Potsdam Institut für Klimafolgenforschung, bis vor kurzem von Hans-Joachim Schellnhuber geleitet, neue Klima-Bedrohungen um seine eigene Existenz zu rechtfertigen und den Fluss der Forschungsgelder nicht versiegen zu lassen. Hier ist man sehr

kreativ im Erfinden steiler Hypothesen, die durch keine
wissenschaftlichen Beweise gestützt werden können.

Die Theorie von den sogenannten „Kipp-Elementen" besagt,
dass es bestimmte Regionen auf der Welt gebe, die besonders
empfindlich auf klimatische Veränderungen reagierten und
daher rasch „kippen" könnten, was zu extremen
Wetterphänomenen führen soll. Das Szenario lautet wie folgt:
Mehr Kohlendioxid verursacht höhere Temperaturen, die
produzieren mehr Wasserdampf und damit noch mehr Wärme,
woraufhin wiederum mehr natürliches Kohlendioxid und andere
Treibhausgase aus Meeren und Böden aufsteigen, was
wiederum die Temperaturen erhöht. Wer weiss, dass Die
Ozeane etwa 80% des CO2 speichern, bis zu einer Tiefe von
4.500 Metern, und das dieser Vorgang, je nach
wissenschaftlicher Quelle, 500 – 1000 Jahre dauert, erkennt
schnell, dass es sich bei dieser Theorie des PIK um Unsinn und
Panikmache handelt.

Mr. zwei Grad Celsius

Jeder Wissenschaftler ist besonders erfolgreich, wenn er einen
Begriff prägt oder ein Ziel definiert, dass von seinem
Fachgebiet oder der Politik übernommen wird. Schellnhuber ist
das gelungen, was zeigt, welchen Einfluss er in seiner Funktion
als Berater der Bundesregierung und als Mitglied des IPCC hat.
Die „Begrenzung" des Anstieges der durchschnittlichen

Erdtemperatur auf zwei Grad Celsius ist zum Ziel nationaler und internationaler Politik geworden. Dieser „Erfolg" ist ihm wohl zu Kopf gestiegen, jedenfalls scheint er sich einiges darauf einzubilden.

„An einem Spätsommerabend im Jahr 1993 schrieb ich – möglicherweise – Weltgeschichte." So beginnt Schellnhuber sein Kapitel „Zwei Grad Celsius". Andere meinen solche Sätze ironisch. Dieser Autor nicht. Ein paar Absätze weiter führt er aus, wie er persönlich „den ebenso tollkühnen wie unvermeidlichen Versuch unternommen hatte, eine explizite, vernunftgeleitete Umgrenzung des akzeptierbaren Bewegungsraums der menschengemachten Erwärmung zu skizzieren".

Umgestaltung des Planeten

Schellnhuber ist längst nicht nur Ratgeber, der den Mächtigen dieser Welt Forschungsergebnisse liefert. Er macht gerne selbst Politik. Auf Grundlage der wissenschaftlich nicht abgesicherten Hypothese einer durch Kohlenstoffdioxid bedingten Erderwärmung konstruiert er globale Probleme in der Zukunft und bietet zugleich Lösungen an.

Um den Klimawandel zu stoppen und die Welt zu retten, empfiehlt Schellnhuber drastische Maßnahmen, die sich mit dem Adjektiv grössenwahnsinnig treffend beschreiben lassen.

Er selbst nennt es die *„Große Transformation"*. Er möchte die Ressourcen der Welt neu verteilen und die Souveränität der Staaten weiter zugunsten supranationaler Strukturen reduzieren. Im Gutachten für die Bundesregierung wird allen Ernstes vorgeschlagen, den Planeten neu zu gestalten, bestimmte Regionen mit speziellen Aufgaben zu betrauen. Eine neue Variante der Neuen Weltordnung die von verschieden Kräften vorangetrieben wird, hier einmal unter dem Gesichtspunkt des Klimas.

„Doch mittlerweile häuft sich Kritik an den Gutachten des WBGU. Der letzte große Bericht las sich wie Schellnhuber in Reinkultur: Der Beirat erneuerte seine alte Forderung nach einer „Großen Transformation" der Zivilisation. Der ambitionierte Weltplan sieht kontinentale Arbeitsteilung vor: Die gemäßigten Breiten produzieren Nahrung, die Subtropen Sonnenenergie, und die Tropen dienen der Erholung und der Erhaltung der Artenvielfalt. Das Gutachten sorgte für ungewöhnlich viel Zorn und Spott, insbesondere in konservativen Kreisen, auch im Wirtschaftsministerium. Der Beirat der Bundesregierung fordere eine „Ökodiktatur", hieß es in Dutzenden Kommentaren. ...."

02.05.2013, Spiegel online, von Axel Bojanowski
https://www.spiegel.de/wissenschaft/natur/wbgu-neue-umwelt-
politikberater-der-bundesregierung-berufen-a-897730.html

> *„Die entscheidende Dekade wird 2020-2030 sein.
> Dort muss der komplette Ausstieg weltweit von
> der Kohleverstromung passieren, dann muss der
> Verbrennungsmotor verschwinden, dann muss
> Zement ersetzt werden zum Beispiel als
> Baumaterial am besten durch Holz und andere
> Dinge.“* **H.J. Schellnhuber**, *Vortrag bei den
> Grünen, Nov. 2017*

Die Frage, wie der Strom von den Subtropen zu den
Industrieregionen im Norden kommen soll, beantwortet
Schellnhuber natürlich nicht. Weil die Sache mit den zu
bauenden Stromtrassen ja schon in Deutschland nicht
vorankommt, lässt er dieses Thema wohl lieber aus.

Aber spinnen wir die grössenwahnsinnige Idee vom
„Weltumbau“ weiter. Wenn bestimmten Regionen spezielle
Arbeitsfelder übertragen werden sollen, hat das natürlich
Umsiedlungen von Menschen zur Folge, um die neuen
Aufgaben vor Ort zu realisieren, also beispielsweise um die
Solarmodule in den Subtropen zu installieren und zu warten.

Das klingt wieder sehr nach Sozialismus. Man erinnert sich beispielsweise an die Zwangsumsiedlungen in der Sowjetunion während der Diktatur Stalins.

> *„Mit dem Klimawandel wird Folgendes passieren«, sah er voraus. »Es werden hunderte von Millionen Menschen im Raum verschoben werden müssen. Wegen Meeresspiegelanstieg, wegen Gletscherschwund, wegen Ausbreitung von Dürregebieten. Was tun mit den Menschen, deren Heimat versinken wird?"* **H.J. Schellnhuber**, *Vortrag bei den Grünen, Nov. 2017*

Dafür hat Schellnhuber eine kreative Lösung im Angebot: Man sollte einen Klimapass einführen! Da ist er wieder, der „Klimaflüchtling", von dem die Grünen oft und gerne sprechen. Er schlug vor, dass alle die durch den Klimawandel „heimatlos" werden, einen Klimapass bekommen sollen, der ihnen das Recht gibt, sich in den dafür verantwortlichen Staaten niederzulassen.

Hier schliesst sich der Kreis zu den Apologeten der Neuen Weltordnung, die diesen Schritt bereits anderweitig umgesetzt haben. Am 10. Dezember 2018 ist die Bundesregierung dem internationalen Abkommen *Global Compact for Migration* beigetreten, der für eine „sichere, geordnete und reguläre“ Migration sorgen soll. Angeblich ist der Pakt rechtlich nicht bindend, aber politisch verpflichtend, was auf dasselbe hinauslaufen dürfte. Die illegale Einwanderung wird es bald nicht mehr geben.

6 Die Klimakatastrophe

>>Hartmut Bachmann studierte Aerodynamik und Meteorologie und wurde als Jagdflieger im Zweiten Weltkrieg eingesetzt. Nach 1945 durchlief er eine Ausbildung zum Meiereifachmann und -meister. Bis 1957 arbeitete er in der industriellen Milchproduktion. Außerdem studierte er an der Deutschen Hochschule für Politik in Berlin. In der elterlichen Firma *Riedel & Co.* erhielt er dann eine galvanotechnische Ausbildung. ... Weitere Unternehmen gründete er in der Schweiz und den USA, wo er ab den 1970er Jahren lebte. In den 1980er Jahren war er CEO eines mit der Produktion von Klimageräten beschäftigten Betriebes in den USA. Das Unternehmen stellte als Hauptprodukt das ECP (environmental control package) her, welches durch das US Energy Savings Programms unterstützt wurde.<<

Quelle: Wikipedia

Als Zeit- und Augenzeuge legt er die Väter und Drahtzieher der Klimalüge, die er persönlich kennengelernt hat, offen.

Hartmut Bachmann, Vortrag auf der 5. AZK - 31.10.2009

>>Am 11. August 1986 hatte ich am Flughafen in Florida, in Orlando jemanden abzuholen. Ich sass da und wie üblich, wenn man auf jemanden wartet, kommt er zu spät. Also das Flugzeug kam zu spät ... ich sass neben einen Papierkorb ... Passagiere, die da entlang kamen warfen da was rein. Ich entdecke eine Zeitung aus Deutschland, den Spiegel ... Auf dem Titelbild sah mich der altehrwürdige Kölner Dom an ... bis hier her im Wasser, nur noch die Spitzen guckten raus, dadrunter „Die Klimakatastrophe". ... Ich hab das Ding an mich genommen, gelesen.

Nachdem ich das alles verdaut hatte, habe ich eine Woche oder zehn Tage später beim Spiegel in Hamburg angerufen ... Augstein hatte ich dann am Telefon ... Ich sagte: „Was hast Du Dir dabei gedacht? Da sagte er „Aufwecken". Da sagte ich „und Angst machen". Da antwortete Augstein: „Ohne Angst der Massen kriegen sie keine Bewegung der Massen" Das ist der Casus Knacksus. Wenn sie etwas groß bewegen wollen, müssen Sie Angst machen. (...)

Die Geschichte mit dem Spiegel und dem untergehenden
Kölner Dom ging nun in den USA - wie in vielen anderen
Ländern auch - herum und wurde diskutiert.

Ende September 1986 machten wir …. eine Segeltour von
einem Segelclub in dem ich war, von der Südspitze von Florida
nach Key Largo. Dauer: zwei Tage. Nach zwei Tagen waren
irgendwelche Sieger da, ein erster, ein zweiter, ein dritter, ein
Geburtstagskind auch noch … Das wurde natürlich gefeiert …
und während der Diskussion, vielleicht kennen sie das ... wenn
viele Leute zusammen sind … plötzlich sind alle still ... Eine
solche Situation war an dem Abend auch gegeben.

Ich höre wie jemand sagte: „Why don´t we convert the climate
catastrohy in a long-lasting worldwide business?" Zu deutsch:
„Warum konstruieren wir nicht aus dem Wort Klimakatastrophe
ein gigantisches Geschäft?" Wer diese Frage stellte, ist der
Junior gewesen von dem grössten Werbeunternehmen in den
USA. Solche Leute haben Verbindungen überall hin, Geschäft
geht über alles. In diesem Verein waren zahlreiche andere junge
Leute drin, deren Eltern in Wirtschaft und Politik in den USA
etwas zu sagen hatten. Die Geschichte wurde aufgenommen,
weitergesponnen. Ich habe mich ... um diese Frage nicht
gekümmert, auch nicht was daraus geworden ist. Es war
ausserhalb meiner Sphäre, was mich interessierte. (...)

Weitere Monate später kriegte ich von einem Freund eine Einladung zu einem Meeting. Da ging es um die Klimafrage, wie man die Menschheit vor einer kommenden Klimaaktstrophe schützen kann ... also ganz neutral ... nur eine Frage, wie man das kann. Dazu hätte zunächst mal bewiesen werden müssen, ob die Tatsache wissenschaftlich untermauert ist, A) dass wir eine Klimakatastrophe haben und B) was im Raume stand, dass Menschen dazu beigetragen haben. (...)

Dann ... konnte ich feststellen, dass Medien ... überwiegend lesbare, natürlich auch TV, dabei waren, Fakten zu erfinden, die noch gar nicht da waren. Und alle diese Fakten liefen darauf hin, wenn man darüber etwas nachgedacht hat, Angst zu erzeugen. Es waren alles Berichte, die in irgend einer Form negativ waren. Was da alles passieren kann mit der Klimakatastrophe und der Mensch ist schuld und die arme Erde. (...)

Wie es nun in Amerika weiterging, die entsprechenden Zusammenkünfte stattgefunden hatten ... wurden natürlich Leute und Institutionen gebraucht, die das publizieren. Wer war die erste Organisation, die da mitmachte? Die Medien, wie immer. Die Medien haben gesehen, hier ist eine Katastrophe. Rein, nichts wie rein. Die Medien haben einen grossen Vorteil, den haben sie bis heute, sie brauchten keine Vorfinanzierung zu leisten. Sie konnten von jetzt auf nun voll einsteigen mit irgendwelchen Berichten ... wie schauerlich die kommende

Klimakatastrophe ist ... und alles wäre nur dadurch gekommen, dass die Menschen sich feindlich gegenüber Mutter Erde verhalten, indem sie Co2 produzieren ... wir produzieren alle Co2 .... das hat die Erde noch nie gestört. Im Gegenteil. Je mehr Co2 den Gräsern, den Bäumen, der Natur angeboten wird, desto besser wächst es, dies ist wissenschaftlich bewiesen. (...)

Die UNO hat schon einen Seitenarm, die UNEP … die UNO brauchen wir nicht … Wir machen unseren eigenen Verein. Das wurde dann später das IPCC. Das IPCC kriegte zwei Aufgaben: erstens … festzustellen, dass die Welt einer Klimakatastrophe entgegengeht und zweitens festzustellen, dass der Mensch schuldig daran ist ... Die selber befassen sie sich mit wissenschaftlichen Studien gar nicht, die lassen die machen....

Hier nun einige Aussagen von Direktoren von dem IPCC … zu ihrer eigenen Tätigkeit ... um darzulegen, wie sie arbeiten:<<

__Sir John Houghton__, der die ersten drei IPCC Reports von 1990, 1995 and 2001 leitend herausgab, und 1994 schrieb: "Solange wir keine Katastrophe ankündigen, wird keiner zuhören".

***Maurice Strong**, erster UNEP Direktor, äusserte in Wood 1990 und 1992 in Rio: „Besteht nicht die einzige Hoffnung für diesen Planeten im Zusammenbruch der industriellen Zivilisation? Liegt es nicht in unserer Verantwortung dafür zu sorgen, dass dieser Zusammenbruch eintritt?"*

***Prof. Stephen Schneider** in interview for "Discover" magazine, Oct 1989: „To capture the public imagination, we have to offer up some scary scenarios, make simplified dramatic statements and little mention of any doubts one might have. Each of us has to decide the right balance between being effective, and being honest" Auf gut Deutsch: "Um Aufmerksamkeit der Öffentlichkeit zu erregen, brauchen wir dramatische Statements und keine Zweifel am Gesagten, jeder von uns (Forschern) muss entscheiden wie weit er eher ehrlich oder eher effektiv sein will".*

5. AZK - 31.10.2009 - Hartmut Bachmann: Die Geburt der Klimalüge
https://www.youtube.com/watch?v=2R1gfZF5dl4

Der anthropogene Klimaschwindel: Wollt Ihr wirklich eine Weltdiktatur?

Die Vorsitzende des Schiller-Instituts, Helga Zepp-LaRouche, verfasste das folgende Flugblatt für den Weltklima-Gipfel in Kopenhagen.

>>Die Unverfrorenheit, mit der eine Clique von »Klima-Forschern«, ein Großteil der Medien und eine Reihe von Regierungen versuchen, das Märchen vom anthropogenen Klimawandel aufrechtzuerhalten, obwohl die an die Öffentlichkeit gebrachten e-mails von der East-Anglia-Universität den Verdacht zahlreicher seriöser Wissenschaftler, daß es gar keine Beweise für eine Klimaerwärmung gibt, vollkommen bestätigt haben, ist beispiellos. (...)

Es gibt keine Bedrohung für das Klima. Sie sind zu dem Schluss gekommen, dass sie selbst die freien Nationen des Westens überreden können, ihre Demokratie aufzugeben, ihre Freiheit aufzugeben und letztendlich alle wirtschaftliche und ökologische Macht an eine nicht gewählte Weltregierung abzutreten.

Als Sir Maurice Strong ursprünglich den Weltklimarat (Intergovernmental Panel on Climate Change, IPCC) schuf, schuf er ihn nicht als eine wissenschaftliche Körperschaft, sondern als eine politische Einrichtung. Er sagte damals, er hoffe, dass dies der Kern einer Weltregierung werden würde. Die ganze Idee der Weltregierung liegt Maurice Strong zufolge darin, dass man der Bevölkerung nicht trauen kann. Deshalb reden sie darüber, dass der Markt versagt habe, indem die Politik und die Freiheit und die Erfolge des freien Marktes und des Kapitalismus zur Vergiftung des Planeten mit CO2 geführt hätten, und dass wir deshalb die Demokratie abschaffen müssten, damit die Institutionen der Demokratie - zu der die Aktienmärkte und die Unternehmen gehören, die am besten unter Freiheit gedeihen - künftig unter der Herrschaft einer Tyrannei stehen. Sie wird anfangs nicht brutal aussehen, aber es wird umfassend sein.

Sie wird die Freiheit genau in der Weise ersticken, wie wir das schon durch die Europäische Union tun, wo es ein Europäisches Parlament gibt, das aber keine Gesetze vorschlagen darf. Wenn es etwas beschließt, können sich die Kommissare darüber hinwegsetzen. Wenn es Gesetze ändern will, kann das nur mit Genehmigung der nicht gewählten Kommissare geschehen...<<

Vom Klima-Schwindel zur Weltdiktatur, Montag, 21. Dezember 2009, Von Helga Zepp-LaRouche, https://www.google.com/search? q=klimaschwindel+Rockefeller+strong

Die perfide Konstruktion der CO2 - Lüge

Man nehme drei Teile und verbinde sie geschickt:

- Ein Element Wahrheit = Tatsache: das Klima verändert sich (was es immer getan hat)
- Eine neugeordnete Halbwahrheit = Suggestion: menschengemachter Klimawandel
- Eine fette Lüge = Super-Suggestion: CO2 ist ein gefährliches Treibhausgas

Dann fügt man noch Schuldgefühle hinzu („unser Konsum in den westlichen Industrieländern ist Schuld") und bietet Pseudo-Lösungen an: erneuerbare Energien, die Förderung der Elektromobilität, dazu modernen Ablasshandel mit Zertifikate-Handel und der CO2-Steuer.

Die nächsten Massnahmen werden bereits bei den Grünen diskutiert:

- Tempolimits auf Autobahnen
- Autofreie Innenstädte
- Die Begrenzung der Anzahl der jährlichen Flüge pro Person
- Kohleausstieg bei der Energieversorgung bis 2030
- Keine Neuzulassungen von PKW mit Verbrennungsmotoren ab 2030

- CO2-Abgabe von 60€ pro Tonne, Anhebung in Schritten von 20€ pro Jahr

Das Geschäftsmodel Klimawandel: Geld aus Luft

Die Agenda des „menschengemachten Klimawandels" ist die genialste diabolische Erfindung seit der Gründung des Zentralbankensystems, der FED in den USA. Sie erschafft, genau wie die Banken es täglich machen, Geld aus dem Nichts. Man erfindet einfach CO2-Zertifikate, die dann gehandelt werden wie Aktien. Industrielle „CO2-Sünder" können die Zertifikate kaufen, um sich „reinzuwaschen". Diese Zertifikate sind quasi die Neuauflage der Ablassbriefe der katholischen Kirche im Mittelalter. Man muss nichts Neues erfinden, wenn sich ein altes Konzept bestens bewährt hat.

Die Profiteure der Klimalüge

Um ein globales Betrugssystem wie den „menschengemachten Klimawandel durch CO2" dauerhaft zu etablieren, sorgt man idealerweise dafür, dass möglichst viele Personen und systemrelevante Institutionen Vorteile daraus ziehen.
Das Konstrukt „Klimaschutz durch CO2-Reduzierung" ist deshalb so angelegt, dass die folgenden Marktteilnehmer davon dauerhaft wirtschaftlich profitieren. Sie werden allein aus finanziellem Interesse die sachlich falsche Theorie gegen alle

Kritiker verteidigen, auch wenn sie selbst den Schwindel als solchen erkannt haben.

- Banken und Fonds – Handel mit CO2-Zertifikaten
- Wissenschaftliche Institute – Fördermittel vom Bund und der EU
- Hersteller von Windkraftanlagen und Photovoltaik - Mehrumsatz
- Grundbesitzer und Landwirte – Pacht für Windkraftanlagen
- Die Grünen - Wählerstimmen
- Umweltschutzorganisationen – Mitgliedsbeiträge und Spenden
- Regierungen – CO2-Steuer (Frankreich, Schweden, Dänemark)

7   Die neue Weltordnung

Die Globalisierung, also die Bewegung hin zur einer neuen
Weltordnung existiert. Zweifellos haben wir seit Jahrzehnten
eine starke Entwicklung in Richtung der sozialistischen
Vereinheitlichung, der Gleichmacherei aller Werte und
Standards, der Propaganda von „Gleichheit", „Gerechtigkeit",
„Offenheit", „Toleranz" und „Willkommenskultur", der
Aufhebung aller Grenzen, egal ob geografisch oder
gesellschaftlich und eine Entwicklung hin zu einer
Eingliederung ehemals selbstbestimmter Nationalstaaten unter
die Dächer supranationaler Organisationen wie der UNO und
der EU. Die Globalisierung ist kein Zufall, es ist kein
Naturereignis, das einfach so passiert, sie wird aktiv von
Menschen, von politischen Organisationen und von
Regierungen vorangetrieben. Sie ist geradezu diktatorisch, denn
bei allen wichtigen Entscheidungen werden die Bürger nie
befragt, egal ob bei der Mitgliedschaft zur EU, der Einführung

des Euros, der Energiewende oder der Massenmigration. Die Globalisierung exakt das genaue Gegenteil der Demokratie, so wie sie idealerweise sein sollte.

Wer ist ist die treibende Kraft dahinter? Dafür gibt es viele Bezeichnung. Man spricht in diesem Zusammenhang je nach Blickwinkel und Wissensstand zum Beispiel von der globalen Finanzelite, dem militärisch-industriellen Komplex, der trilateralen Kommission, dem Council Of Foreign Relations, den Freimaurerlogen oder dem Komitee der 300. Diese Organisationen existieren, daran gibt es keinen Zweifel, man kann das einfach recherchieren.

Ihre wirklichen Absichten tarnen die Globalisierer immer hinter wohlklingenden und blumigen Begriffen wie „Klimaschutz" „Willkommenskultur",, „Friedensprojekt EU" oder „Euro-Rettung".

Jede Publikation von kritischen Menschen, die hinter die Fassade schauen und die wirklichen, verborgenen Ziele freilegen wird gerne mit dem Label „Verschwörungstheorie" diffamiert. Das ist die übliche Vorgehensweise der angepassten System-Politiker und der eingebetteten Presse, seit 1963 der CIA diesen Begriff erfand, um die Kritik der Menschen an der hanebüchenen „Magic-Bullet-Theorie" der offiziellen Untersuchungskommission in den Schmutz zu ziehen.

Diese Zitate zeigen sehr deutlich, wo die Reise hingehen soll:

„Wenn man eine wirkliche Weltordnung haben will, eine globale politische Ordnung, dann wird man nicht umhin kommen, an einigen Stellen auch Souveränitätsrechte an andere abzugeben." **Angela Merkel**, *2011 auf dem evangelischen Kirchentag*

"Wir sind dabei, das Monopol des alten Nationalstaates aufzulösen. Der Weg ist mühsam, aber es lohnt sich, ihn zu gehen." **Wolfgang Schäuble,** *CDU und Bundesfinanzminister, Frankfurter Allgemeine Sonntagszeitung, 8.10.2011*

„… die internationale Ordnung, an der wir seit Generationen arbeiten, um sie aufzubauen. Gewöhnliche Frauen und Männer sind zu kleingeistig, um ihre Angelegenheiten zu regeln. Diese Ordnung und Fortschritt können nur kommen, wenn Einzelne ihre Rechte an einen allmächtigen Souverän abgeben…" **Barack Obama** *in seiner Rede vom 26.03.2014 in Brüssel*

Die Überbevölkerung und die CO2-Produktion – satanische Gedanken

In den nächsten Jahren werden wir erleben, dass von Seiten der Politik und der NGOs eine öffentliche Debatte angestossen wird, die eine angebliche Überbevölkerung der Erde als Grundübel für die Umweltzerstörung und den Klimawandel verantwortlich macht. Es werden mehr Stimmen aufkommen, die proklamieren, dass die Weltbevölkerung im Sinne des Planeten zu reduzieren sei.

Etwa 180 Kilometer von der Stadt Atlanta entfernt steht auf einem Hügel im Elbert County im US-Bundesstaat Georgia ein geheimnisvolles Monument aus vier Steinen, das seit seiner Errichtung im Jahr 1980 Rätsel aufgibt. Denn eingraviert auf die Stelen sind in acht Sprachen krude Inschriften, die Verschwörungstheoretikern Anlass zu den wildesten Spekulationen geben. Es seien die Zehn Gebote der Neuzeit oder ein Aufruf der Illuminaten zu einer neuen Weltordnung, und andere behaupten, die sogenannten Georgia Guidestones seien nicht weniger als ein amerikanisches Stonehenge.

Die erste der zehn Botschaften, die allesamt auf Englisch, Spanisch, Swahili, Hindi, Hebräisch, Arabisch, Alt-Chinesisch und Russisch wiedergegeben sind, lautet:

„Halte die Menschheit unter 500.000.000 in andauerndem Gleichgewicht mit der Natur." **Georgia Guidestones**

Als Geldgeber für die Guidestones wird auf einer Inschrift am Monument „Eine kleine Gruppe Amerikaner, die nach dem Zeitalter der Vernunft trachten" genannt. Manche glauben, dahinter könnten nur die Finanzmafia, die Bilderberger, die Freimaurer, die Illuminaten stecken.

„Entvölkerung sollte die höchste Priorität unserer Außenpolitik gegenüber der Dritten Welt sein, weil die US-Wirtschaft große und zunehmende Mengen an Mineralien aus dem Ausland brauchen wird, besonders aus den weniger entwickelten Ländern...." **Henry Kissinger** *1978*

„...in Sachen Weltbevölkerung: "Eine gesamte Bevölkerung von 250-300 Millionen Menschen, ein Rückgang von 95 Prozent des aktuellen Levels, würde ideal sein." **Ted Turner**, *der Gründer des US-amerikanischen Nachrichtensenders CNN, im Jahr 1996*

8 Fukushima

Wie schafft man es, das wichtigste Industrieland in Europa dazu zu bringen, freiwillig sowohl aus Kohle und Gas als auch aus der Kernenergie auszusteigen? Dazu müssen Klima-Theorien verbreitet werden. Im Falle der fossilen Energieträger erfüllt diese Aufgabe die erfundene Theorie vom menschengemachten Klimawandel, eingepflanzt über Jahrzehnte in die Hirne der Menschen durch die Medien.

Wie bringt man die Gesellschaft dazu, dann noch aus der kostengünstigen, gut planbaren und CO_2-freien Atomenergie auszusteigen? Dies ist technisch und ökonomisch der absolute Wahnsinn, weil somit alle grundlastfähigen Energiequellen langfristig wegfallen sollen. Es muss eine große Katastrophe stattfinden (die wochenlang die weltweite Berichterstattung bestimmt), um die Gesellschaft in die gewünschte Richtung zu lenken. Die These: Wenn die Hintergrundmächte damals per

USA zwei Atombomben auf Japan abwerfen liessen, ist es dann nicht denkbar, dass 2011 eine Bombe auf dem Meeresgrund vor der Küste platziert und gezündet wurde? Als ein Vergeltungsakt wegen unerwünschtem Verhalten, konkret einem geplanten Uran-Deal Japans mit dem US-Erzfeind Iran, als eine neue Machtdemonstration?

Wäre es nicht äusserst praktisch, wenn ein Tsunami ausgelöst wird, weshalb dann ein Atomkraftwerk explodiert, wenn die Atomenergie daraufhin als „gefährlich" und „unethisch" gebrandmarkt wird? Wenn man dadurch die Industrienation Deutschland dazu bringen kann, freiwillig, gegen jede ökonomische Vernunft und mit der Zustimmung der Mehrheit der Bevölkerung seine Atomkraftwerke (die sichersten der Welt) abzuschalten und ineffiziente Windräder aufzustellen, die sich manchmal drehen und manchmal auch nicht?

Wenn Sie denken wie ein US-Globalisierer, wie ein David Rockefeller, George Bush, Henry Kissinger, Bill Gates oder Thomas Barnett, dann ist dieser Gedankengang logisch nachvollziehbar. Eine Sabotageaktion, erfolgreich durchgeführt und unerkannt von der Öffentlichkeit, mit der gleich zwei Feindstaaten auf einen Schlag getroffen werden, das ist für einen Geheimdienstoffizier der USA wahrscheinlich das höchste der Gefühle.

Wurde die Fukushima-Katastrophe durch eine Atombombe ausgelöst?

>>Hat es in Japan gar kein Erdbeben der Stärke 9,0 gegeben? Neuer Bericht behauptet: Fukushima wurde in Wirklichkeit durch eine Atomwaffe »unter falscher Flagge« zerstört.

Was wäre, wenn das angebliche Erdbeben der Stärke 9,0 oder mehr vom 11. März 2011 vor der Ostküste Japans und der anschließende Tsunami, der das Kernkraftwerk Fukushima Daiichi zerstörte, in Wirklichkeit ein vorsätzlicher Angriff unter falscher Flagge war, bei dem Atomwaffen eingesetzt wurden? Der freie Journalist Jim Stone liefert schlüssige Belege dafür, dass die offizielle Darstellung der Katastrophe ein Schwindel ist, um einen konzertierten Angriff auf Japan – möglicherweise als Antwort auf das japanische Angebot, dem Iran angereichertes Uran zu liefern – zu vertuschen.

Ein tatsächliches Erdbeben der Stärke von über 9,0 hätte ganz Japan dem Erdboden gleichgemacht. Stellen Sie sich zunächst einmal die zerstörerische Kraft eines tatsächlichen Erdbebens der Stärke 9,0 vor – was etwa 100 Mal stärker wäre als das Hanshin-Erdbeben der Stärke 6,8, durch das 1995 die Stadt Kobe, die 12,5 Meilen (circa 20 Kilometer) vom Epizentrum entfernt lag, weitgehend zerstört wurde und bei dem 6.400 Menschen den Tod fanden. Hätte das Erdbeben vom 11. März tatsächlich die Stärke 9,0 gehabt, so wäre im Umkreis von

1.000 Meilen (circa 1.600 Kilometer) vom Epizentrum kein Stein auf dem anderen geblieben – und doch gab es in der Stadt Sendai, die nur rund 48 Meilen (knapp 80 Kilometer) vom Epizentrum entfernt liegt, kaum nennenswerte Gebäudeschäden.

Tatsächlich waren nur in den vom Tsunami betroffenen Gebieten, und dazu gehört das Kernkraftwerk Fukushima, erhebliche Zerstörungen zu verzeichnen. Abgesehen von den immensen Schäden, die der Tsunami an dem Kernkraftwerk hervorgerufen hat – in anderen, nahe dem Epizentrum gelegenen Städten und Gemeinden, die nicht vom Tsunami getroffen wurden, verursachte das Erdbeben kaum größere Beschädigungen, was die Vermutung nahelegt, dass das Erdbeben auch nicht annähernd eine Stärke von 9,0 aufwies. Laut Stones Untersuchung ergaben einige Messungen eine Stärke von höchsten 6,67 für das Erdbeben vor der Küste Japans, während der nachfolgende Tsunamis tatsächlich eine Wucht aufwies, die bei einem Beben der Stärke 9,0 aufgetreten wäre.

Noch ein weiterer Faktor sollte berücksichtigt werden: In den vom Tsunami betroffenen Ortschaften und Städten war man sich anscheinend bis wenige Minuten, bevor dieser auf die Küste traf, der drohenden Gefahr überhaupt nicht bewusst. Wenn es tatsächlich ein Erdbeben von 9,0 gegeben hätte, wie behauptet wird, so hätte es in diesen Gebieten nicht nur enorme

Schäden gegeben, sondern die Einwohner hätten in den 40 Minuten zwischen dem angeblichen Erdbeben und dem Auftreffen des Tsunamis mit der Evakuierung des Gebiets begonnen.

Videoclips und Fotos aus Ortschaften und Städten, die wenig später von dem herannahenden Tsunami heimgesucht wurden, zeigen, dass das Leben noch Minuten vor der Katastrophe ganz normal weiterlief. Man erkennt Menschen auf den Straßen, intakte Gebäude, alles scheint an seinem Platz, obwohl es doch angeblich Augenblicke zuvor ein Mega-Erdbeben gegeben hat.Werfen Sie selbst einen Blick auf Stones Informationen sowie auf verfügbare Bilder und Videos, und überlegen Sie, ob die offizielle Darstellung im Lichte der tatsächlichen Geschehnisse überhaupt einen Sinn ergibt.

Die Schäden in Fukushima, besonders an dem nicht in Betrieb befindlichen Reaktor 4, können unmöglich durch Überflutung oder ein Erdbeben entstanden sein. Laut Stones Analyse sind die Schäden am Kernkraftwerk als Folge einer einfachen Überflutung oder selbst eines Erdbebens der Stärke 9,0 unvorstellbar, einmal angenommen, dass es überhaupt ein Erdbeben gegeben hat. Hochauflösende Luftaufnahmen des zerstörten Kraftwerks vom 24. März zeigen nicht nur, dass der Reaktor 3 trotz wiederholter gegenteiliger Behauptungen überhaupt nicht mehr zu sehen ist, sondern auch einen völlig zerstörten Reaktor 4. Erinnern Sie sich noch an die schwere

Explosion, die sich wenige Tage nach dem Tsunami im Reaktor 3 ereignete? Diese Katastrophe, für die eine Wasserstoffansammlung verantwortlich gemacht wurde, hätte unmöglich eine Folge der Beschädigung durch Erdbeben oder Tsunami sein können, da nach dem Zwischenfall von Three Miles Island ein spezieller Notfall-Kamin für den Fall einer Wasserstoffansammlung angelegt worden war. Der Betrieb dieses Kamins erfordert keinen elektrischen Strom, er war also zur Zeit der Explosion voll funktionsfähig und hätte eine Wasserstoffansammlung entschärft.

Und was ist mit der mysteriösen Explosion im Reaktor 4, zu der es kam, obwohl der Kernbrennstoff entfernt und der Reaktor angeblich nicht in Betrieb war? Selbst im schlimmsten Fall einer völligen Schmelze der Brennstäbe hätte die nachfolgende Explosion nicht so stark sein können, dass die dicken Betonwände von Reaktor 4 zerstört wurden, wie es tatsächlich geschah. Und Reaktor 4 wurde durch diese Explosion so schwer beschädigt, dass man buchstäblich mit seinem Einsturz rechnete.

Was aber war die Ursache für diese schweren Explosionen in den Reaktoren 3 und 4? Laut Stone wurden Atomwaffen eingesetzt, um diese Strukturen zu zerstören. Eine Sicherheitsfirma namens *Magna BSP* soll vor der Katastrophe zahlreiche »Sicherheitskameras« in den Reaktoren installiert haben. Diese Kameras hatten ein Gewicht von über 1.000

(amerikanischen) Pfund und sahen wie Atomwaffen vom
»Gun«-Typ aus.

Wenn man nun zwei und zwei zusammenzählt, dann sieht alles
danach aus, dass als Sicherheitskameras getarnte Atomwaffen
eingesetzt wurden, um die Reaktoren in Fukushima in die Luft
zu sprengen. Vielleicht erklärt das, warum in den Tagen nach
der Katastrophe eine Informationssperre über Reaktor 4
verhängt wurde. Fügt man dieser Mischung nun einen nuklear
ausgelösten Tsunami und ein entsprechendes Erdbeben hinzu,
so hat man den perfekten Sündenbock – dass absichtlich gegen
ein Atomkraftwerk vorgegangen und natürlichen Ursachen die
Schuld gegeben wird.

Bei kritischer Analyse der Fakten erscheint die offizielle
Darstellung wie eine Verschwörungstheorie. Bevor Sie diese
Information als weitere verrückte Verschwörungstheorie vom
Tisch wischen, nehmen Sie sich die Zeit, Stones Analyse zu
studieren und über die Gesetze der Physik angesichts der
Informationen aus den Medien nachzudenken. Wäre es
überhaupt möglich, dass bei einem tatsächlichen Erdbeben der
Stärke 9,0 in nahe gelegenen Städten, die vom Tsunami nicht
getroffen wurden, kaum nennenswerte Schäden entstanden?
Warum hat die *Tokio Electric Power Company* (TEPCO)
entscheidende Informationen über Reaktor 4 so lange
zurückgehalten? Und warum gab es so starke Beschädigungen

durch vermeintliche Explosionen, die diese rein physikalisch gar nicht hätten hervorrufen können?<<

16. Juni 2011, Quelle: abeldanger.net, Übersetzung durch: info.kopp-verlag
http://die-rote-pille.blogspot.de/2011/06/wurde-fukushima-katastrophe-durch.html

9   Energiewende ins Nichts

Bis 2010 hatte Deutschland eine sichere, stabile und bezahlbare Stromerzeugung. Ein Ereignis im fernen Japan sollte dies nachhaltig verändern. Statt weiter auf die sichersten Atomkraftwerke der Welt zu setzen, entschied sich Deutschland, Windräder aufzustellen und Solaranlagen zu installieren. Wie konnte es dazu kommen?

>>Weg von der Atomenergie, hin zur Ökoenergie. Das ist der neue Grundsatz der deutschen Energiepolitik nach der Reaktorkatastrophe in Fukushima. Mit geradezu atemberaubendem Tempo hat die schwarz-gelbe Koalition unter dem Eindruck von Fukushima eine energiepolitische Kehrtwende vollzogen. Möglichst schnell soll die Energiewende vollzogen werden. Das Bundeskabinett hat am 6. Juni 2011 das sofortige Aus für acht Atomkraftwerke und den

stufenweisen Ausstieg aus der Kernenergie bis 2022 beschlossen. (...)

Nicht nur die Atomenergie, sondern auch die fossilen Energieträger (Öl, Kohle, Erdgas) sollen durch erneuerbare Energien (Windenergie, Wasserkraft, Sonnenenergie, Bioenergie) ersetzt werden. Wobei auch Energiesparen und eine höhere Energieeffizienz eine wichtige Rolle spielen sollen. In der aktuellen Diskussion geht es vorrangig um einen möglichst schnellen Atomausstieg. Auslöser für die Energiewende in der deutschen Politik war die Atomkatastrophe in Japan: Am 11. März 2011 führten ein schweres Erdbeben und ein Tsunami zu einer Reaktorkatastrophe in der Atomanlage von Fukushima.<<

Die Energiewende 2011, Landeszentrale für Bildung. ohne Angabe eines Autors, ohne Datum, Gelesen 03-2018, www.lpb-bw.de/energiewende.html

Man braucht sich nur zwei Videos auf YouTube ansehen, um zu begreifen, um welchen Irrsinn es sich bei der Energiewende in Wirklichkeit handelt und welche massiven Nachteile und Gefahren für Deutschland damit verbunden sind.

Aus beiden Vorträgen werden im Folgenden nur einige zentrale Aspekte genannt. Es lohnt sich, diese beiden sehr aufschlussreichen Videos in voller Länge anzusehen. Tun Sie das bitte, wenn Sie das Thema interessiert. Diese beiden Videos sind die besten, die es zu diesem Thema gibt.

Die deutsche Energiepolitik – grünes Wunschdenken und die Realität

>>Die Kommission für Reaktorsicherheit hat festgestellt, dass der Unfall von Fukushima in Deutschland nicht möglich ist. Ein von einer Flutwelle ausgelöster Reaktorschaden kann in Deutschland nicht passieren.

Da das Ergebnis Frau Merkel nicht passte, wurde zusätzlich eine „Ethikkommission" eingesetzt, bestehend aus Geowissenschaften, Umweltwissenschaftlern, Soziologen, Philosophen, Politologen, Kirchenvertretern, Ministern, Gewerkschaftlern und einem Wirtschaftsvertreter.

Physiker oder Kernkraftexperten waren seltsamerweise nicht dabei. Sollte hier Fachkompetenz bewusst ausgeschlossen werden? Ein Experte hätte sicher die Tatsache vorgetragen, dass ein Unfall wie in Japan in Deutschland nicht passieren kann.

Das Ergebnis der Beratungen: die Kernkraft wurde als „unethisch" definiert. Angestrebt wird daher die Vollversorgung mit erneuerbaren Energien bis 2050. Festgelegt wurden im „Erneuerbare Energien Gesetz, dem EEG" u.a. folgende Ziele:

- Klimaschutz, Reduzierung der CO2-Emissionen
- Senkung der Kosten der Energieversorgung
- kosteneffiziente Steigerung der erneuerbaren Energie auf 80% Anteil bis 2050

Die deutsche Energiepolitik

>>Ökostrom wird auf 20 Jahre subventioniert, der erzeugte Strom wird mit Vorrang eingespeist und mit Festpreisen vergütet, völlig egal ob er gerade gebraucht wird oder nicht.

Zur physikalischen Realität ist zu sagen: Energiebedarf und Energieerzeugung müssen bis auf ganz enge Grenzen ständig im Einklang sein. Schon kleine Unterschiede führen zu Frequenzverschiebungen. Ohne Eingriffe in die Produktion oder Abnahme kommt es zum Blackout, zum Zusammenbruch des Systems. Das oft in blumigen Worten oder bunten Grafiken dargestellte Modell „Stromsee" in den beliebig Strom hineingeleitet und herausgenommen werden kann, ist ein Trugbild, das mit der Realität nichts zu tun hat.

Wind- und Solarenergie sind nicht planbar, es handelt sich um oft unbrauchbaren Zufallsstrom. Wohin nun mit dem überflüssigen Strom? Am besten In Pumpspeicherkraftwerke. Deren Kapazität liegt in Deutschland aber aktuell nur bei 7

Gigawatt. Der Leistungsbedarf des überflüssigen Stroms liegt aber bei 50 bis 80 Gigawatt.

Gibt es neue Speichermöglichkeiten, um den überflüssigen Zufallsstrom zu speichern? Können Methanspeicherkraftwerke ein Lösung sein? Ja, aber mit einem schlechten Wirkungsgrad von 20%. Anders gesagt, braucht man 5 Kilowatt, um 1 Kilowatt wiederzugewinnen. Und das sind nur die Gestehungskosten. Dazu kommen noch die Anlagenkosten, also Bau, Betriebskosten und Wartung.

Da es keine aktuell keine ausreichenden Speicherkapazitäten gibt, brauchen wir noch auf Jahrzehnte hinaus doppelte Kraftwerkparks aus Gas- und Kohlekraftwerken, um die Grundlast jederzeit herstellen zu können, also immer dann, wenn kein Wind weht und keine Sonne scheint. Das ist der schlichte Grund, warum die angestrebte Reduzierung der CO2-Emmisonen nicht erreicht werden kann.<<

Dr. Christian Blex, Vortrag „Die deutsche Energiepolitik – grünes Wunschdenken und die Realität", in Barsinghausen am 27.03.2018
https://www.youtube.com/watch?v=LjHH1Nu3Yiw

Energiewende ins Nichts

>>Bezogen auf das Kernproblem der Speicherung volatiler Energiequellen (Wind & Sonne) lässt sich seine Argumentation wie folgt zusammenfassen (ab Min. 34):

- Deutschland hat z.Zt. 35 Speicherkraftwerke.
- Um den gesamten Windstrom zu glätten und auszugleichen bedürfte es 6.097 durchschnittlicher Speicherkraftwerke.
- Wenn nicht jede Windspitze aufgefangen werden soll, käme man mit 978 Speicherkraftwerken aus.
- Beschränkte man sich auf den optimalen Wirtschaftlichkeitspunkt, würde man immer noch 456 Speicherkraftwerke benötigen, über 10x so viel, wie vorhanden sind. Kostenpunkt 100 Milliarden Euro.
- Durch Einbeziehung von Sonnenstrom ließe sich eine gewisse Glättung hinbekommen, da der Output beider Energiequellen gegenläufig ist.
- Durch die Zusammenrechnung beider Energiequellen ergibt sich ein Mindestbedarf von 385 Speicherkraftwerken.
- Aufgrund von 25% Prozessverlusten (Energie zum bergauf pumpen von Wasser) bleibt unterm Strich ein Bedarf von 437 Speicherkraftwerken. Hans-Werner Sinn: "Wir werden nicht ein Zehntel davon in

Deutschland errichten können, insofern ist diese ganze Idee utopisch."

- Die ganze Absurdität dieses Weges zeigt sich allein an folgenden Zahlen: Mit Sonne und Wind ließen sich 3 Atomkraftwerke einsparen, gerade mal ein Viertel der 12 deutschen AKW. Das gilt aber nur, wenn die genannten 400 zusätzlichen Speicherkraftwerke gebaut würden. Die Kosten von 96 Milliarden Euro entsprächen – nur um einmal die Dimension aufzuzeigen – den Kosten von 32 Atomkraftwerken.<<

Professor Hans Werner Sinn, IFO InstitutHans Werner Sinn - Energiewende ins Nichts, 14. Januar 2015
http://windkraft.bbbergwinkel.eu/2015/01/14/hans-werner-sinn-energiewende-ins-nichts/

De Maizière warnt vor Angriff auf Stromversorgung

>>Bundesinnenminister Thomas de Maizière (CDU) hält die Stromversorgung für einen besonders gefährdeten Bereich in Deutschland. "Für mich persönlich ist am wahrscheinlichsten ein regional oder überregional lang anhaltender dauerhafter Ausfall der Stromversorgung", sagte de Maizière bei der Vorstellung eines neuen Konzepts zur Zivilverteidigung.

"Ich kann mir vorstellen, dass es Gruppen oder Staaten oder eine Mischung von Gruppen und Staaten gibt, die ein Interesse daran hätten, einmal auszuprobieren, wie resilient, wie anpassungsfähig die deutsche Gesellschaft ist mit Blick auf die Abhängigkeit von der Stromversorgung", sagte de Maizière weiter. Die moderne Infrastruktur und die Abhängigkeit moderner Gesellschaften von oft überregional zur Verfügung gestellten Ressourcen bringe auch eine größere Verwundbarkeit mit sich.<<

24. August 2016, 16:26 Uhr Quelle: ZEIT ONLINE, dpa, AFP https://www.zeit.de/politik/deutschland/2016-08/bundesregierung-thomas-de-maiziere-stromversorgung-konzept-zur-zivilverteidigung

In der Vergangenheit hat es immer wieder Blackouts und Zwischenfälle gegeben:

New York, 21. Juli 1977

Um 21.36 Uhr geht plötzlich das Licht aus. Neun Millionen Menschen stehen im Dunkeln, für mehr als 24 Stunden. Tausende müssen aus Aufzügen und Hochhäusern evakuiert werden, der Verkehr kommt zum Erliegen. Schon nach wenigen Stunden eskalierte die Lage. Vor allem in den ärmeren Stadtteilen zogen Horden herum, räumten Geschäfte leer und legten Feuer. Die Bilanz der Nacht: 1616 Plünderungen und 1037 Brände. Der Auslöser: zwei Blitzschläge legen einen Transformator und mehrere Hauptleitungen lahm.

Personalmangel, mangelhafte Kommunikation, ineffektive Bürokratie und eine lockere Schraubmutter in einer Schaltstelle lösen die Kettentaktion aus.

Ukraine, Dezember 2015

Kurz vor Weihnachten in der westukrainischen Provinz Iwano-Frankiwsk: Eine Viertelemillion Haushalte sind plötzlich von der Stromversorgung abgeschnitten. Privatwohnungen, Unternehmen und öffentliche Einrichtungen bleiben teilweise tagelang ohne Elektrizität.

Vorausgegangen war laut US-Sicherheitsbehörden ein gezielter und orchestrierter Hackerangriff auf drei regionale Energieversorger. Der genaue Verlauf der Attacken konnte zwar bis heute nicht exakt rekonstruiert werden, Experten gehen allerdings davon aus, dass die Angreifer einen Schadcode eingeschleust und bösartige Befehle über einen direkten Fernzugriff ausgeführt haben.

TAB Bericht „Gefährdung und Verletzbarkeit moderner Gesellschaften"

>>Die Folgen eines langandauernden und großflächigen Stromausfalls wurden im Arbeitsbericht 141 des TAB (Büro für Technikfolgen-Abschätzung beim deutschen Bundestag) vom November 2010 untersucht. In dem Bericht „Gefährdung und

Verletzbarkeit moderner Gesellschaften – am Beispiel eines großräumigen Ausfalls der Stromversorgung" wurden Ursachen, Risiken und Handlungsbedarfe ausgearbeitet.

Das Fazit fällt erschütternd aus: >>Die Folgeanalysen haben gezeigt, dass bereits nach wenigen Tagen im betroffenen Gebiet die flächendeckende und bedarfsgerechte Versorgung der Bevölkerung mit (lebens)notwendigen Gütern und Dienstleistungen nicht mehr sicherzustellen ist.

Die öffentliche Sicherheit ist gefährdet, der grundgesetzlich verankerten Schutzpflicht für Leib und Leben seiner Bürger kann der Staat nicht mehr gerecht werden. Die Wahrscheinlichkeit eines langandauernden und das Gebiet mehrerer Bundesländer betreffenden Stromausfalls mag gering sein. Träte dieser Fall aber ein, kämen die dadurch ausgelösten Folgen einer nationalen Katastrophe gleich. Diese wäre selbst durch eine Mobilisierung aller internen und externen Kräfte und Ressourcen nicht »beherrschbar«, allenfalls zu mildern.

Weitere Anstrengungen sind deshalb auf allen Ebenen erforderlich, um die Resilienz der Sektoren kritischer Infrastrukturen kurz- und mittelfristig zu erhöhen sowie die Kapazitäten des nationalen Systems des Katastrophenmanagements weiter zu optimieren.<<

Gefährdung und Verletzbarkeit moderner Gesellschaften – am
Beispiel eines großräumigen und langandauernden Ausfalls der
Stromversorgung https://www.tab-beim-
bundestag.de/de/untersuchungen/u137.html

Und was wurde in Deutschland gemacht? Das Gegenteil von
dem, was der TAB-Bericht empfiehlt. Durch die irrationale
Energiewende der Bundesregierung wurde ein Paradigmen-
wechsel eingeleitet. Nicht mehr die Versorgungssicherheit hat
höchste Priorität, sondern ein möglichst hoher Anteil
erneuerbarer Energie. Die Risiken des Zappelstroms wurden
ignoriert. Alles wird dem grossen Ziel, der Rettung des
Weltklimas, untergeordnet. Ohne Rücksicht auf Verluste.

Warum funktioniert dieses falsche Spiel? Weil finanzstarke
Personen und Gruppen im Hintergrund viel Geld in Propaganda
investieren. Und weil viele Beteiligte (Politiker, Journalisten,
Wissenschaftler, Lobbyisten) auf diesem falschen Weg an
lukrative Posten kommen, ohne an die langfristigen Folgen zu
denken.

Die Klimalüge und die Fukushima False Flag als Framing-Strategie für die „Energiewende"

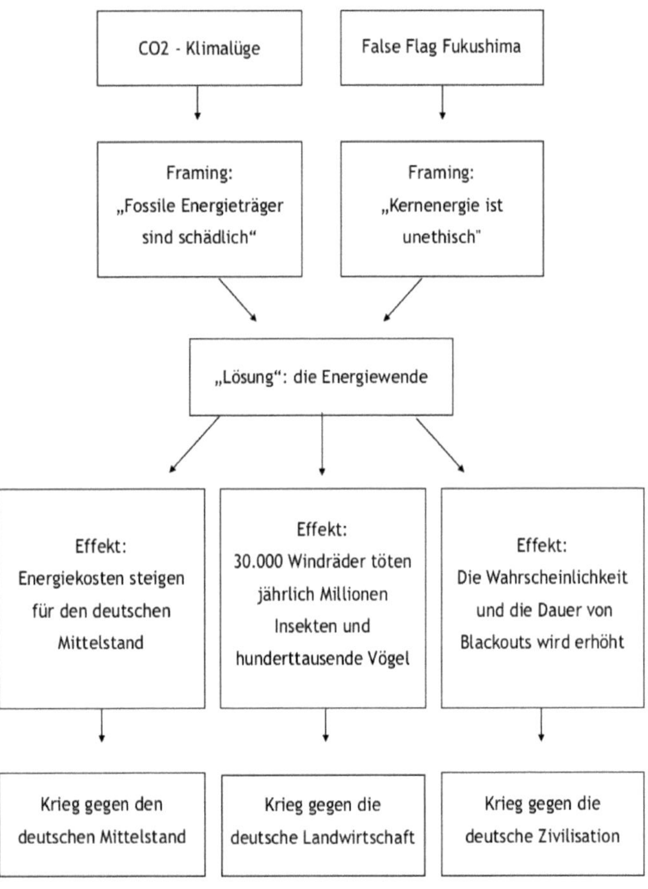

Analyse der sogenannten „Energiewende"

Ein stabiles, sicheres und einheitliches Energiesystem (Kohle, Gas, Kernkraft) wird umgewandelt in ein dreiteiliges System aus Wind, Solar und fossilen Brennstoffen als notwendiges Backup.

Die deutliche Reduzierung der CO_2-Emissionen kann nicht erreicht werden, weil es weiterhin Gas- und Kohlekraftwerke geben muss, da keine Speicherkapazitäten für den Zufallsstrom aus Fotovoltaik und Windenergie existieren.

Die EEG-Abgabe macht den Strom einseitig für kleine und mittelständische Betriebe extrem teurer. 96% der Unternehmen in Deutschland zahlen die volle EEG-Abgabe während nur Großunternehmen bestimmter Branchen Nachlässe erhalten.

Durch die Energiewende wurde eine planbare und stabile Stromerzeugung in eine unsichere verwandelt. Die Anzahl der Netzeingriffe (Redispach-Maßnahmen), um einen Blackout zu vermeiden, ist seit 2008 dramatisch angestiegen. Gab es früher 5 bis 10 Eingriffe pro Jahr, waren es 2017 über 6.000.

A Ende kann nur eine logische Erkenntnis bleiben. Genau wie der Euro scheint die Energiewende eine absichtliche Fehlkonstruktion zu sein, die in letzter Konsequenz im Chaos endet.

10   Greta Thunberg – Die Heilige

Fridays for Future – Greta will die Welt retten

Im Frühjahr 2019 erreichte die globale Klimapanik-Propaganda
ihren vorläufigen Höhepunkt. Die 16-jährige Greta Thunberg
aus Schweden führt eine Bewegung von Jugendlichen an, die
sich für den weltweiten Klimaschutz einsetzen. Durch die
Mainstream-Medien und viele regierenden Politiker werden
diese Aktionen überwiegend positiv dargestellt. Bis Anfang
Dezember 2018 hatten um die 20.000 Schulschwänzer in etwa
270 Städten weltweit für das Klima „gestreikt".

Der Erfolg der Proteste lässt sich logisch durch diese zwei
Faktoren erklären:

Erstens: als Grundlage wurde den Jugendlichen durch
permanente Gehirnwäsche in der Schule und durch die Medien

eingeredet, dass der Mensch für den Klimawandel verantwortlich sei. Hier wird jungen Menschen Angst gemacht und gleichzeitig werden sie dahingehend dressiert, ein schlechtes Gewissen zu entwickeln.

Zweitens: die Proteste sind mit einem Schulstreik verknüpft, was die ganze Sache natürlich attraktiver macht. Ein raffinierter Schachzug, denn der Freitag ist meist der kürzeste Schultag der Woche, das Wochenende steht bevor und vormittags haben alle Schüler Zeit. Wie gross bzw. klein wäre die Beteiligung wohl, wenn die Demos an Samstagen oder Sonntagen stattfinden würden?

Es drängen sich Fragen auf, die in der „Qualitätspresse" nicht gestellt werden. Kann es wirklich sein, dass eine 16-jährige Schülerin, die zudem noch am Asperger-Syndrom leidet, aus eigener intrinsischer Motivation für die Rettung der Erde auf die Straße geht? Eine Geschichte wie aus dem Märchenbuch. Zu schön, um wahr zu sein. Aber die (Gut)Menschen lieben offensichtlich solche Geschichten. Ausserdem stellt sich die Frage, wer dieses Bewegung finanziert. Es müssen kapitalstarke Organisationen dahinter stecken, die die Pressearbeit machen, Flyer drucken, Webseiten betreiben, Genehmigungen für Demos beantragen, die Reisen und Unterkünfte des Greta Thunberg–Teams auf ihrer Europatournee finanzieren.

Fridays for Volksverdummung

>>Die Idee mit dem Schulstreik kam auch nicht von ungefähr, es war keineswegs ein „Geistesblitz" des unbekannten Aktivisten, von dem Thunberg es aufgeschnappt haben soll. Tatsächlich geht die Geschichte ein wenig anders und ist schon ein paar Jahre älter: Auf dem Global Youth Summit im Mai 2015 haben wir uns die Idee eines globalen Schulstreiks für Klimaschutz ausgedacht. Wir haben gesehen, wie unsere Politiker seit Jahren ihre Hausaufgaben nicht machen. Sie versprachen, einen gefährlichen Klimawandel zu vermeiden, aber sie haben es nie geschafft. Nach einigen Treffen mit Teilnehmern aus fünf Kontinenten wurde klar, dass ein globaler Schulstreik transformative Kraft haben würde, indem er Tausende - oder sogar Millionen - in ein befähigendes globales Netzwerk einbrachte und gleichzeitig lokal agierte.

Diese erhellende Erklärung finden wir auf der Internetseite climatestrike.net, deren Macher am Globalen Jugend-Gipfel 2015 mitwirkten. Dort also, vor über drei Jahren, wurde die Idee des „Fridays for Future" ausgeheckt oder sagen wir lieber: weiterentwickelt. Die tatsächlichen Drahtzieher sind keine Jugendlichen, sondern ganz sicher Erwachsene aus zweifelhaften globalistischen Netzwerken. Denn das Global Youth Summit wird von der Plant-for-the-Planet Foundation organisiert und dahinter verbergen sich globalistische Denkfabriken wie der Rockefeller-Verein „Club of Rome" und die „German Marshall Plan Foundation". Beide globalistischen Organisationen werden in Deutschland an führender Stelle von Frithjof Finkbeiner repräsentiert, der auch verantwortlich für die Plant-for-the-Planet Foundation zeichnet. Finkbeiner ist Mitbegründer des German Marshall Plan und Vizepräsident des Club of Rome in Deutschland. Beides sind berüchtigte Think Tanks unter dem Einfluss US-amerikanischer Machteliten. Der Club of Rome verbreitet in Rockefellers Auftrag seit Ende der 1960er Jahre die grüne Ideologie, betreibt substanzlose Angstmache vor angeblicher Ressourcenknappheit und propagiert einen globalen Genozid an der angeblich zu großen Weltbevölkerung.<<

Fridays for Volksverdummung: Wie der Club of Rome die Schülerstreiks erfand und über jugendliche Ikonen wie Greta Thunberg steuert, Freitag, 1. März 2019 http://presseluegenclub.blogspot.com/2019/03/fridays-for-volksverdummung-wie-der.html

Papa Thunberg verdient kräftig mit

Gretas Vater, Svante Fritz Vilhelm Thunberg, ist Schauspieler und Drehbuchautor. Er kooperiert mit der Stiftung „Antimakedonische". Deren eingetragener Zweck ist die Verbreitung des „Wissens zum Klimawandel" und dessen Konsequenzen, ihr gehört aber auch das Unternehmen WeDontHaveTime AB. Das macht sein Geschäft mit PR für das

Pariser Klima-Abkommen und höchstwahrscheinlich auch mit dem lukrativen Handel mit CO2-Zertifikaten. Zudem ist Svante Thunberg Geschäftsführer sowohl bei Ernman Produktion AB wie auch bei Northern Grace AB, beide sind aktiennotierte Gesellschaften in Schweden. Die Aktien beider Unternehmen haben seit dem Beginn von Gretas Aktionen einen enormen Kursanstieg hingelegt.

Ausserdem haben die Eltern Svante Thunberg und Malena Ernman ein Buch über Greta und ihr Engagement geschrieben, welches sich in Schweden eines riesigen Absatzes erfreut.

„Greta verdient Mitleid. Sie strahlt nicht jene Fröhlichkeit aus, die für eine glückliche Kindheit steht, sondern wirkt getrieben, fremdgesteuert. Kein Wunder, ist sie doch, vorsichtig gesprochen, von einem Profi im PR-Geschäft auf ihre Auftritte „vorbereitet" worden.." Greta Thunberg - Ikone der Klimareligiösen und Opfer ihrer Eltern, von **Dr. Sebastian Sigle***, Mo, 28. Januar 2019*

https://www.tichyseinblick.de/daili-es-sentials/greta-thunberg-ikone-der-klimareligioesen-und-opfer-ihrer-eltern/

11 Die Grünen und die Ströer Digital Kampagne

Die Grünen wurden 1980 gegründet, was durchaus Sinn machte. Es gab damals ein Defizit in der deutschen Politik. Es gab keine Partei, die sich programmatisch für den Umweltschutz und den Tierschutz eingesetzt hätte. Diese Lücke wurde nun geschlossen.

Nach dem Selbstmord (bzw. der Ermordung?) der beiden Gründungsmitglieder Gerd Bastian und Petra Kelly wurde die grüne Partei dann über die Jahrzehnte hinweg langsam umgebaut zu einer linientreuen Systempartei der - von den USA gesteuerten - BRD. Frühere Ideale und Prinzipien wurden dabei Schritt für Schritt aufgegeben, so dass irgendwann selbst militärischen Einsätzen der Bundeswehr im Ausland (Angriffskrieg der NATO gegen Jugoslawien) zugestimmt wurde. So wurde aus grün olivgrün.

Die Spitzenpolitiker der Grünen sind eng verwoben mit den US-amerikanischen Denkfabriken, die in Deutschland die politische Agenda bestimmen. So sind Cem Özdemir, Karin Göhring-Eckard und Omid Nouripour Mitglieder der Atlantikbrücke e.V. und Reinhard Bütikofer Mitglied beim Aspen Institut. Wichtigster Grüner scheint Cem Özdemir zu sein. Neben seiner Mitgliedschaft bei der Atlantikbrücke engagiert er sich ausserdem beim German Marschall Fund und der NGO New American Century.

Grösster Einzelspender der Grünen Partei ist mit über 30% die Allianz AG (Allianz Capital Partners ist mit drei Milliarden Euro weltweit in 63 Wind- und sieben Solarparks investiert). Auf den hinteren Rängen folgen weitere Unternehmen aus dem Bereich der erneuerbaren Energie, wie die Ostwind-Verwaltungsgesellschaft mbH, das Umweltkontor Renewable Energy und die Conenergy AG.

Geld von der Solar-Lobby

>>Im Fokus steht vor allem das Wahljahr 2005, als die boomende Solar- und Windenergiebranche den grünen Einsatz für ihre Anliegen mit Parteispenden in Höhe von insgesamt fast einer Viertelmillion Euro honorierte. Hauptsponsoren waren die Regensburger Ostwind Verwaltungs-GmbH mit 50.000 Euro und die Hamburger Solarfirma Conergy AG mit 49.000 Euro.

Acht weitere Windenergie- und Solarbetriebe steuerten kleinere Beträge von überwiegend rund 20.000 Euro bei.

Bei den Grünen fallen die Beträge besonders ins Gewicht, weil sie sonst nur über wenige Großspender verfügen. Jedoch lassen die Allianz, BMW oder der Verband der Bayerischen Elektroindustrie die Partei an den finanziellen Segnungen teilhaben, die sie zur Pflege der politischen Landschaft ausreichen. So erhalten die Bundestagsparteien von der Allianz in der Regel 60.000 Euro pro Jahr. Die Geschäftslage der Versicherungsbranche ist stark von politischen Vorgaben abhängig.<<

Artikel: Geld von der Solar-Lobby
https://taz.de/Parteispenden-bei-den-Gruenen/!5149004/

Das Rezo-Video

Neben globalen Kampagnen wie Fridays for Future und Extinction Rebellion gibt es natürlich auch nationale Aktionen. Genau eine Woche vor der EU-Wahl veröffentlichte ein junger Blogger, der sich Rezo nennt, auf YouTube ein Video mit dem Titel „Die Zerstörung der CDU". In diesem Video voller platte Behauptungen und Halbwahrheiten forderte er die Zuschauer auf, keine Parteien zu wählen, die sich nicht konsequent genug gegen den Klimawandel einsetzen, er nannte die CDU, die SPD und die AfD.

Er behauptete im Video, es sei sicher, dass der Klimawandel menschengemacht sei - natürlich kam hier die 97%- Lüge zum Einsatz. Dieses Video ging mit rasanter Geschwindigkeit viral und wurde innerhalb weniger Tage millionenfach von seinem überwiegend jungen Publikum gesehen. Es löste sogar eine gesellschaftliche Debatten aus und wurde in Talkshows thematisiert.

Einige Tage später veröffentlichte Rezo dann, zusammen mit über 90 anderen einflussreichen YouTubern, ein neues Video in welchem diese erneut massive Wahlwerbung für die Grünen machten.

Wer steckte hinter dieser groß angelegten Kampagne? Rezo gehört zum Influencer-Netzwerk Tube One. Tube One „kreiert Social Influencer Kampagnen crossmedial". Das Ganze wiederum wird vermarktet von der Firma Ströer Digital. Im Kundenprospekt wirbt Tube One für den YouTuber in der Sparte Entertainment: „Individuell auf die Marke abgestimmt, begleiten wir die gesamte Kampagne", heißt es, und weiter: „Die definierten Inhalte produzieren wir in Abstimmung mit Ihnen und dem Influencer." Garantierte Reichweite inklusive. Kunden zahlen für die Kampagnen auf Instagram, Youtube, Snapchat, Twitter oder Facebook zwischen 15 000 und 70 000 Euro.

Dass ein junger Mann aus eigener Motivation selbstlos ein Video dreht, um sich für Klimaschutz zu engagieren, mit über 200 akribisch recherchierten Quellenangaben unter dem Video - was sonst überhaupt nicht seine Arbeitsweise ist – ist höchst unwahrscheinlich.

War das Rezo-Video also eine Auftragsarbeit? Womöglich eine versteckte Kampagne der Windkraftlobby oder einer NGO? Wer die Kampagne in Auftrag gab und finanzierte, bleibt letztlich im Dunkeln, weil Ströer Digital dazu keine Stellungnahme abgibt.

Es gibt hier nur Indizienbeweise der üblichen Verdächtigen. So äusserte sich George Soros im Vorfeld der EU-Wahlen auf der Online-Plattform Project Syndicate: „Die Grünen haben sich zur einzigen konsequent pro-europäischen Partei im Lande entwickelt, und sie legen in den Meinungsumfragen weiter zu, während die AfD ihren Zenit erreicht zu haben scheint".

Noch Fragen?

12 Extinktion Rebellion – Die Endzeitsekte

Ab August 2018 begab sich Greta Thunberg mit ihrem Team auf Welttournee. Diese wurde im August 2019 gekrönt durch eine angeblich CO2-neutrale Segelreise über den Atlantik nach New York. Über mehrere Stunden wurde der Segeltörn live auf nt-v übertragen, als wenn es sich bei diesem Ereignis um die Wiederkehr der heiligen Jungfrau Maria auf Erden handeln würde.

Dabei wurde in der Berichterstattung mit keinem Wort erwähnt, dass die Yacht wieder zurück nach Europa überführt werden musste. Somit gehören zur Gesamtbilanz dieser grandiosen PR-Aktion sechs Atlantikflüge der Besatzung von Europa nach den USA. Es dürfte sich hierbei um die wohl CO2-reichste Segelreise der Geschichte handeln.

Kurze Zeit (und natürlich rein zufällig) nachdem die Weltreise der kleinen Greta beendet war, startete die nächste Kampagne der globalen Propaganda gegen den menschengemachten Klimawandel. Sie nennt sich Extinction Rebellion. Diese Bewegung wurde 2018 in England u.a. von Roger Hallam gegründet, einem Umweltaktivisten und ehemaligen Biobauern. Finanziert wird diese Organisation von vielen Klein- und Großspendern. Allein im Zeitraum vom 1.3. bis 31.10.2019 erhielt XR nach eigenen Angaben Großspenden (ab £5.000) in Höhe von £1.290.852.*

*https://docs.google.com/spreadsheets/d/1G641513ojN0wKtUa Gu2JTRLssn-SzT7NFSwHRB1VyX0/edit#gid=1410691514

Extinction Rebellion geht es offiziell um gewaltfreie, friedliche Proteste. Sie konzentrieren sich auf Blockaden von Verkehrsknotenpunkten und Flughäfen in europäischen Großstädten. Man möchte den Verkehr in diesen Städten über mehrere Tage lahmlegen, um Aufmerksamkeit zu erzeugen und vor dem Klimawandel zu warnen. So soll der Druck auf die Regierungen erhöht werden. Das formulierte Ziel der Bewegung ist, dass bis 2025 die Emissionen von „Treibhausgasen" auf Null gebracht werden sollen.

Die linksgrüne Jutta Ditfurth sieht Extinction Rebellion als Basisbewegung mit einigen guten Ansatzpunkten, bezeichnet sie aber auch als Endzeitsekte.

>>Ich halte Extinction Rebellion nicht für eine Umweltbewegung im klassischen Sinne, die sich kritisch, aufklärerisch oder gar links für die Klimakastrophe und die Zusammenhänge von Naturvernichtung und Kapitalismus interessiert. ‚Extinction Rebellion' ist nicht intellektuell, sondern ahistorisch, spricht nicht den Verstand an, sondern setzt auf mystisch-esoterisches Drama, pathetische Kostümierung und hat ein zentral vorgefertigtes Bühnenbild. Die Organisation versucht alles, um den intellektuellen Hohlraum mit Versatzstücken religiös-gewaltfreier Ideologie zu verdecken." Vielleicht starker Tobak, aber man kann sich ja selbst ein Bild machen. Ditfurth meint auch: „Die Organisation will vor allem junge Leute und politisch Unerfahrene rekrutieren und sie emotionalisieren. So macht man Menschen manipulierbar, und das ist das Gegenteil von kritischer Aufklärung. Ich habe mich mit Schriften, Reden und Handlungen der Anführer von ‚Extinction Rebellion' in England beschäftigt.<< **Jutta Ditfurth** im Oktober 2019 per Twitter-Mitteilung

Mitgründer Roger Hallam redet gerne von der Notwendigkeit der Selbstaufopferung und erwartet von den Aktivisten ganz offiziell die Bereitschaft, sich verhaften zu lassen. In Deutschland hatte XR sogar einen online-Fragebogen, in dem abgefragt wurde ob das Neumitglied bereit sei, aus Überzeugung für die Sache ins Gefängnis zu gehen. Dieser Fragebogen ist wohl aufgrund negativer Berichterstattung nach einiger Zeit wieder verschwunden.

Das selbstlose Eintreten für die gute Sache wird gerne in den Vordergrund gestellt. XR hat aber noch andere Interessen, über die in den Leitmedien natürlich nicht berichtet wird. Es gibt nämlich noch eine zweite Organisation mit dem Namen „XR Business", eine offizielle Kooperation mit zwei Dutzend Firmen wie Unilever oder The Body Shop. Die Kooperation bekam das XR-Logo und hatte eine eigene Website.

Nach Protesten wurden Website und Logo zwar zurückgezogen, aber die Kooperation läuft weiter. Genau wie beim CO2-Zertifikatehandel wird hier die Möglichkeit genutzt mit dem Feigenblatt des Altruismus und der Klimarettung Geld zu verdienen.

Dann wurde bekannt, dass Aktivisten von XR für die Teilnahme an den Blockaden bezahlt wurden. Auf der XR-Homepage kann man ein Formular ausfüllen, um die sogenannte „Volunteer Living Expenses" in Höhe von £400 oder 450 Euro pro Woche zu beantragen. XR ist bei genauerem Hinsehen also ganz anders als man uns weismachen will.

Methoden und Ziele von XR

Extinction Rebellion arbeitet nach dem Schema der CIA Regime Change Strategie. Zuerst kommt die Aufbauphase. Es wird eine Bewegung aufgebaut, mit einem Mitmachaktivismus, also mit Demos, Kundgebungen und Sitzblockaden. Man entwickelt auch ein Logo, in diesem Fall eine stilisierte Sanduhr (die Zeit läuft ab) in der ein grosses X erkennbar ist. Es gibt Fahnen, Banner, Sticker und Shirts mit diesem Logo. Das ist wichtig für den Wiedererkennungswert und das Gruppengefühl.

Alles läuft – vorerst – friedlich. Doch wenn die Masse der Aktivisten gross genug ist, soll die nächste Phase kommen. Das Endziel ist tatsächlich, Regierungen zu stürzen. Wenn das nicht friedlich gelingt, kann es auch gewalttätig werden, ohne Rücksicht auf Verluste. Der Mitbegründer von XR, Roger Hallem, (das Video ist auf YouTube verfügbar) sagte auf einer XR-Veranstaltung:

>>Wir werden Regierungen zwingen, zu handeln.
Und falls sie das nicht tun, werden wir
Demokratien einrichten, die zweckdienlicher sind.
Und ja, einige können dabei sterben.<<

Ob es sich bei den Opfern um Aktivisten, Polizisten oder Politiker handeln wird, darüber schweigt sich Roger Hallem aus.

Insgesamt zeigt sich bei XR ein diktatorisches und überhebliches Gedankengut. XR nimmt eine höhere moralische Einsicht für sich in Anspruch, die sich der demokratischen Mehrheitsfindung überlegen fühlt und ihr mittels direkter Aktionen an Effizienz in der Erreichung der als unumgänglich formulierten Ziele überlegen sei.

Die ständige Proklamation eines drohenden Weltuntergangs dient hier als moralische Rechtfertigung für die Aktionen und den gewollten Systemsturz. Das demokratische System ist einfach zu langsam, um die Klimakatastrophe aufzuhalten, da muss man zu radikalen Mitteln greifen. Der drohende Klimanotstand, so die Logik von XR, rechtfertigt Notstandsmaßnahmen.

Kinderkreuzzüge - Teile und Herrsche

Wenn man sich auf YouTube die tanzenden und singenden Teilnehmer der XR-Blockaden ansieht, wird einem bewusst, dass man hier von einer verwirrten und schwer indoktrinierten Generation sprechen muss. In der Zeit des grössten Gefühls-Chaos, der Pubertät, werden die orientierungslosen Jugendlichen von den XR-Machern mit einer angeblich sinnstiftenden Ideologie eingefangen. Dies ist eine bewährte Methode der Herrschenden, die Jugend für ihre Ziele zu missbrauchen.

Dafür gibt es viele Beispiele in der Geschichte: z.B. den Kinderkreuzzug im Jahr 1212, die Kulturrevolution in China, die Hitlerjugend in der Nazidiktatur oder die FDJ in der DDR. Man hat sogar einen eigenen Gruß entwickelt, die zu einem X gekreuzten Unterarme vor der Brust. Auch hier zeigt sich das Muster gesteuerter Jugendbewegungen, erinnert es doch an den Hitlergruß im dritten Reich und an die Freundschafts-Faust im Sozialismus. Geschichte wiederholt sich eben doch.

Die Aufwiegelung der Jugend ist eine beliebte Methode der regierenden Klasse im Teile und Herrsche-Spiel. Gerade in Deutschland wird dies intensiv betrieben : links gegen rechts, Antifa gegen AfD, Gutmenschen gegen Einwanderungskritiker, Verfassungsschutz gegen „Reichsbürger", Muslime gegen Christen.

Das Ziel dabei ist klar: die Gesellschaft wir gespalten, die Kräfte werden verteilt und aufgesplittert. Eine Gesellschaft, in der sich die verschiedenen Gruppen gegenseitig bekämpfen, wird niemals als geschlossene Einheit gegen ihren wirklichen Feind, die Politiker und ihre Hintergrundmächte, vorgehen. Bürgerkriegsähnliche Zustände werden dabei in Kauf genommen, sind vielleicht sogar gewollt.

Typisch ist bei XR auch, dass über den Klimawandel selbst nicht diskutiert wird, weder über die Ursachen noch über die Lösungswege. Ein Diskurs findet nicht statt. Die Tatsachen (wohl eher Glaubenssätze) stehen fest und Vorschläge, wie die Krise zu lösen ist, liegen bereits vor und die Politik ist für deren Umsetzung zuständig. Das uralte Prinzip der ständigen Wiederholung des Mantras steht im Mittelpunkt und Diskussionen werden im Keim erstickt.

*„Die Aufnahmefähigkeit der großen Masse ist nur sehr beschränkt, das Verständnis klein, dafür jedoch die Vergesslichkeit groß. Aus diesen Tatsachen heraus hat sich jede wirkungsvolle Propaganda auf nur sehr wenige Punkte zu beschränken und diese schlagwortartig so lange zu verwerten, bis auch bestimmt der Letzte unter einem solchen Worte das Gewollte sich vorzustellen vermag. (...) Alle Genialität der Aufmachung der Propaganda wird zu keinem Erfolg führen, wenn nicht ein fundamentaler Grundsatz immer gleich scharf berücksichtigt wird. Sie hat sich auf wenig zu beschränken und dieses ewig zu wiederholen.“ **Adolf Hitler**, Mein Kampf*

13 Carola Rackete – Die Heldin

2019 erschien eine neue Figur auf der Bühne des Welttheaters, die deutschen Kapitänin Carola Rackete. Kaum jemand hat jemals so polarisiert wie sie. Für die Grünen und Gutmenschen ist sie eine moderne Heldin, für die Kritiker ist sie hingegen eine Schlepperin, Gesetzesbrecherin und rücksichtslose Schiffsführerin.

2016 nahm Rackete vor Libyen erstmals an einer Mission für den Verein Sea-Watch teil. Im selben Jahr war sie bereits als Kapitänin auf der Sea-Watch 2 eingesetzt. Seit 2017 koordinierte sie für Sea-Watch Rettungsmissionen. Im Juni 2019 wurde sie kurzfristig als Ersatz für einen ausgefallenen Kapitän zur Kapitänin der Sea-Watch 3 berufen.

Im Sommer 2019 wurde sie über Nacht weltbekannt. Nach 19 Tagen Irrfahrt auf dem Mittelmeer steuerte Rackete am 24.6.

mit der Sea-Watch 3 trotz Verbot durch die Behörden den Hafen von Lampedusa an. Die italienischen Sicherheitskräfte wurden von dem Manöver offenbar überrascht. Erst im letzten Moment versuchte ein kleines Boot des Zolls, das Festmachen des 55 Meter langen und 500 Tonnen schweren Schiffs zu verhindern. Beinahe wäre es noch zum dramatischen Unfall gekommen. Das Boot wurde gegen die Molenmauer gepresst. Dabei hätten Personen an Bord ernsthaft verletzt werden können.

Carola Rackete wurde schnell unter Hausarrest gestellt. Die italienische Justiz hielt Rackete unter anderem vor, sie habe Beihilfe zur illegalen Einwanderung geleistet, sei unerlaubt in einen italienischen Hafen eingefahren und habe ein Kriegsschiff gerammt. Laut Salvinis neuer Gesetze drohte neben der Beschlagnahmung (und möglicher Verschrottung des Schiffs) eine Geldstrafe von 10.000 bis zu 50.000 Euro. Zudem musste die 31-Jährige mit einer Gefängnisstrafe zwischen drei und zehn Jahren rechnen. So hätte es kommen müssen, wenn die geltenden Gesetzte streng angewendet worden wären.

Aber es kam dann alles ganz anders, denn Rackete hatte sehr viel Glück mit der zuständigen Ermittlungsrichterin, bei der man eine linke Refugee-Welcome-Mentalität vermuten kann. Diese hatte bereits den gegen Rackete verhängten Hausarrest aufgehoben.

Nach mehreren Verhandlungstagen sprach das Gericht ein ungewöhnlich mildes Urteil aus. Demnach hat die Kapitänin bei der Rettung der Menschen vor der libyschen Küste nach internationalem Recht gehandelt, alle nötigen Informationen und Hilfeersuchen an die beteiligten Flaggenstaaten übermittelt und auch bei der untersagten Hafeneinfahrt keinen Rechtsbruch begangen. Die Kollision mit einem italienischen Polizeiboot im Hafen von Lampedusa wird von der Richterin allen Ernstes als "geringfügig" bewertet.

Im Oktober stellte Rackete Ihr Buch in Berlin vor. „Handeln statt Hoffen" ist der Titel und sie versteht ihn als „Aufruf an die letzte Generation", die etwas ändern kann. Denn „im schlimmsten Fall droht der globale Kollaps". Und: „Schon 2050 wird ein Viertel der Weltbevölkerung keinen Zugang zu Wasser haben." Endlich müssten daher auch Klimaflüchtlinge als Flüchtlinge anerkannt werden.

Rackete wechselt das Spielfeld

Nachdem Rackete in Italien das Pflaster zu heiß geworden war, ist sie jetzt bei Extinktion Rebellion aktiv, den radikalen Klimakämpfern, die Straßen blockieren oder Drohnen an Flughäfen steigen lassen. In TV-Interviews trägt sie das XR-Shirt und redet über die drohende Klimakatastrophe und das Versagen der Politik. Im Oktober hielt sie in Berlin eine Rede auf der XR-Demonstration:

„…hat die Bundesregierung ein Klimapaket verabschiedet, was nicht im Entferntesten den Anforderungen von Paris entspricht und uns zum Ende des Jahrhunderts zu dem Trend von drei bis fünf Grad Erderwärmung bringt. Es ist mehr als Zeit, dass die Regierung die Wahrheit sagt und den ökologischen Notstand ausruft.“… “Die Zerstörung unserer Ökosysteme stellt für uns Menschen eine existenzielle Krise dar.“ **Carola Rackete**, *Oktober 2019 in Berlin*

Carola Rackete möchte unsere Demokratie verändern und hat dazu sehr kreative Vorschläge:

„Es ist ein schlechtes System, viel zu abhängig von der Lobby und viel zu sehr davon bestimmt, dass Berufspolitiker auf Wiederwahl aus sind“, schreibt die prominente Aktivistin in ihrem Buch „Handeln statt Hoffen“, das sie am Mittwoch in Berlin vorstellte. „Wir müssen Demokratie neu erfinden“, etwa in der Form von Bürgerversammlungen, die „per Losverfahren“ zusammengesetzt werden. **Carola Rackete**, *Oktober 2019 in Berlin*

Carola Rakete ist die neue Galionsfigur der links-grünen Protestbewegung und eine wichtige Spielfigur der Globalisierungsfanatiker, Teil eines politischen und orchestrierten Gesamtplans für Europa und besonders für Deutschland. Das Veröffentlichen des Buchs und Racketes Rede auf der Extinktion Rebellion Demonstration sind eine starkes Signal: hier sollen die beiden linken Protestgruppen zusammengeführt werden, die Refugee-Welcome-Befürworter und die meist jugendlichen Klimaretter.

Es sind die gutgläubigen, gehirngewaschenen Frontsoldaten der neuen Weltordnung, die ihre beiden wichtigsten Agenda-Themen *Rassenvermischung in Europa* und *globaler Klimasozialismus* vorantreiben. Von den geistigen Vätern dieser Ideen (Richard Nikolaus Coudenhove-Kalergi, Earnest Hooten bzw. Svante Arrhenius) haben sie sicher noch nie gehört. Poltische Programme in Frage zu stellen oder selbständig zu recherchieren ist nicht ihre Sache. Es geht nur darum sich gut zu fühlen und zu demonstrieren, um die Welt zu retten.

Wir dürfen gespannt sein, welche Bewegungen und Spielfiguren in den nächsten Jahren auf der Bühne des Theaterspiels „Aufstand der jungen Generation" auftauchen werden. Fridays for Future, das Rezo-Video und Extinktion Rebellion waren die ersten drei Akte. Es können noch weitere folgen. Die Kassen der von George Soros gesponserten NGOs sind prall gefüllt. Lassen wir uns überraschen.

14 Gehirnwäsche

Warum folgen so viele Menschen Bewegungen wie Fridays for
Future oder Extinction Rebellion? Gehirnwäsche?

>>Das Wort Gehirnwäsche wird auf den englischen Begriff
brainwashing zurückgeführt. Dieser entstand während des
Koreakriegs im Jahre 1950 und ist selbst eine Übersetzung aus
dem Chinesischen. xǐ wird mit *waschen* übersetzt. Das Wort
nǎo bedeutet *Gehirn*, also ein *Waschen des Gehirns*. Der
wissenschaftliche Name ist *Mentizid*. Es gibt auch einen Teil-
Mentizid. Dieser Begriff bedeutet den ganzen oder Teilverlust
der Persönlichkeit.<<

Quelle: http://de.wikimannia.org/Gehirnwäsche
Das Prinzip der Propaganda beruht auf der ständigen
Wiederholung der Glaubenssätze, was bei uns Deutschen
besonders gut funktioniert. Man kann die Deutschen wohl

besonders einfach in jede beliebige Richtung lenken, wie die Geschichte zeigt.

> *„Wenn man eine große Lüge erzählt und sie oft genug wiederholt, dann werden die Leute sie am Ende glauben. Man kann die Lüge so lange behaupten, wie es dem Staat gelingt, die Menschen von den politischen, wirtschaftlichen und militärischen Konsequenzen der Lüge abzuschirmen."* **Joseph Goebbels**

Darum funktioniert Propaganda

Wie kann man die Bevölkerung lenken, wie kann man sie dazu bringen, dem zu folgen, was die die Finanzmafia, die eigentliche Weltregierung erreichen will?

Wie verkauft man den Massen eine Agenda, die zu letztlich zu ihrem Nachteil führt, als sinnvoll? Wie verkauft man ihr eine gesteuerte Invasion von Wirtschaftsmigranten als „Flüchtlingskrise", wie verkauft man ihr die undemokratische EU als „Friedensprojekt" und den todkranken Euro als ein „Erfolgsmodell"? Allein durch die tausendfache Wiederholung von Parolen? Das kann doch nicht so einfach sein, denken Sie? Doch, leider es ist so einfach.

Das Prinzip funktioniert seit Jahrhunderten sehr effektiv, weil es bei den Menschen zwei verschiedene Denktypen gibt, die unterschiedlich auf Informationen von aussen reagieren. Aus der einfachen Tatsache heraus, weil 80% der Menschen den Denkmechanismus „Paradigmatiker" haben, funktioniert das System der Propaganda.

Lieber Leser, Ich weiss nicht wer Sie sind, der gerade dieses Buch in den Händen hält. Ich weiss nicht, ob Sie sich bisher aus den klassischen oder aus den alternativen Medien informiert haben, ob Sie sich bereits über das Geldsystem, das Machtsystem auf dieser Welt Gedanken gemacht haben und eigene Nachforschungen unternommen haben. Was ich aber sicher weiss ist, es gibt - vereinfacht gesagt - zwei unterschiedliche Denktypen unter uns Menschen. Natürlich handelt es sich dabei nicht um messerscharf abgrenzbare Teilgruppen, es gibt natürlich auch Übergänge. Aber die Vereinfachung ist nötig, um das Phänomen zu beschreiben.

Viele Menschen glauben von sich, im Besitz der Wahrheit zu sein, dabei ist das überhaupt nicht möglich. Es gibt Milliarden Informationen auf dieser Welt und jeder von uns nimmt nur einen Bruchteil davon wahr.
Was wir Menschen haben, ist keine Wahrheit, sondern nur ein Weltbild, ein individueller Eindruck der Wirklichkeit. Es gibt bei uns Menschen nun einmal völlig unterschiedliche

Wahrnehmungsmechanismen, um die angebotenen Informationen zu verarbeiten.

Wissen Sie, zu welchem Denktyp Sie gehören? Gleich werden Sie es wissen. Können Sie sich einer dieser beiden Denktypen zuordnen?

Denktyp 1: der Paradigmatiker (Prinzip Glauben)

Sind sie dieser Typ?

- Sie sind harmoniebedürftig, vermeiden gerne Konflikte?
- Sie lieben emotionale Sicherheit, wollen in Ihrem Umfeld anerkannt sein?
- Sie vertrauen im Großen und Ganzen den Medien?
- Sie fühlen sich in einer Gruppe gleichgesinnter Menschen am wohlsten?
- Sie haben eine feste Vorstellung darüber, wie die Welt funktioniert und Informationen die dieses Weltbild stören, sind Ihnen unangenehm?
- Bei Ihnen verfangen die Bemühungen der Mainstream-Medien, diejenigen Personen, die Ihr Weltbild stören, als Spinner oder Verschwörungstheoretiker zu bezeichnen?

Wenn Sie diese Beschreibung anspricht, sind Sie ein Paradigmatiker. Sie gehören zur Mehrheit in der Gesellschaft (ca. 80 Prozent der Menschen)

Denktyp 2: der Empiriker (Prinzip Wissen)

Oder sind sie eher diese Typ?

- Sie sind eher misstrauisch gegenüber Medien und Politikern? Sie sind eher eigensinnig und unangepasst?
- Sie können gerne allein sein um zu lesen oder nachzudenken, sie neigen zum Grübeln?
- Sie müssen nicht jedem gefallen?
- Sie akzeptieren Regeln nicht, wenn Sie sie nicht nachvollziehen können?
- Sie sagen immer Ihre Meinung, auch wenn es dadurch zu Diskussionen kommt?
- Sie können sich stundenlang mit einem Thema beschäftigen, das Sie interessiert?
- Sie sind von Ihrem Umfeld schon mal als „schwierig", „Spinner" oder „Verschwörungstheoretiker" bezeichnet worden?

Wenn Sie diese Beschreibung anspricht, sind Sie ein Empiriker. Sie sind in der Minderheit (ca. 20 Prozent der Menschen)

Die Paradigmatiker lassen sich noch in zwei Untergruppen aufteilen:

David Griffin: Es gibt drei verschiedene Denktypen

David Ray Griffin teilt Menschen in drei Gruppen. Die erste davon nennt er „empirisch orientiert" oder „empirical people", um ihn wörtlich zu zitieren. Von ihnen werden die Fakten studiert, gegeneinander abgewogen, und darauf basierend entsteht die Meinung.

Dann beschreibt er, was er „Paradigmatiker" nennt. In diesem Fall ist eine Grundeinstellung, ein Paradigma, vorgegeben. So funktioniert die Welt. Und was in dieses Bild nicht passt, wird abgelehnt.

Der dritten Gruppe gehören, Griffins Meinung zufolge, die meisten Menschen an. Er nennt sie: Wunschdenker, und ergänzt: Wunsch- und Angstdenker. Von ihnen wird praktisch alles zurückgewiesen, was Furcht und ein Gefühl der Unsicherheit hervorrufen könnte.

15 Die verborgenen Ziele der Klima - Agenda

Die Theorie des anthropogen Klimawandels ist eine dreiste Erfindung, ein multifunktionales Werkzeug des globalen Finanzsektors und der Hintergrundmächte, um skrupellos die Ziele einer menschenfeindlichen, satanistischen One-World-Globalisierungsagenda zu befördern, die bis 2050 zu einer umfassenden Versklavung der Menschheit und einem Überwachungsstaat führen soll. Nur weil die wahren Ziele hinter wohlklingenden Begriffen wie „Klimaschutz" und „Willkommenskultur" versteckt wird und alles sehr, sehr langsam abläuft, sind die Menschen noch nicht aufgewacht.

Die geplante neue Weltordnung ist eine perverse Mixtur aus Kapitalismus (für die Herrschenden, das Bankenkartell und die Wirtschaft) und einem immer weiter vorangetriebenen Sozialismus (für die Bürger).

Maurice Strong vereinigt beide Aspekte sogar in einer Person, denn er war sowohl Milliardär als auch Sozialist, und er drückte das folgendermaßen aus:

> *"communist in ideology – capitalist in methodology"* **Morice Strong**

Das heisst soviel wie: Wir nutzen den Kapitalismus, um das viele Geld zu machen, das wir für die Propagierung des Kommunismus brauchen.

Die wahren Ziele der globalen Klima-Agenda

- Die CO2-Zertifikate wurden erfunden, um Milliarden Doller zu verdienen. Der Zertifikate-Handel verhindert kein einziges Kohlekraftwerk in China, macht aber ganz sicher die Banker wohlhabender. Hier wird das Prinzip wiederholt, was wir seit 1913 vom Federal Reserve System kennen: Geld wird erschaffen aus dem Nichts, ohne eine Hinterlegung von materiellen Werten.

- Mit Fridays For Future wird die Jugend gegen die ältere Generation aufgehetzt, um die Gesellschaft immer mehr zu spalten - das Prinzip von Teilen und Herrschen. Eine gespaltenen Gesellschaft ist viel leichter zu kontrollieren, als eine geschlossene. Weitere Spielarten von Teile und Herrsche sind: links gegen rechts oder reich gegen arm.

- Die Klimapanik erzeugt eine mediale Ablenkung von der realen Umweltzerstörung, also Überdüngung, Überfischung, Pestizid-Einsatz, Regenwaldabholzung für Monokulturen, Fracking, Bienensterben, etc., bei der nichts geändert werden soll und wird, weil der gesellschaftliche Druck ausbleibt.

- Begründung für die CO2-Steuer in Deutschland, um die Steuereinnahmen zu erhöhen, um damit angeblich das Klima zu „retten". In Wirklichkeit geht es nur darum, die Kosten zu stemmen, die durch die von der Bundesregierung zu verantwortende Massenmigration entstanden sind (eine offensichtliche „Migrationssteuer" klingt schliesslich seltsam und wäre gesellschaftlich schwer durchsetzbar).

- Begründung für die langfristige Abschaffung des Verbrennungsmotors, um der Automobilindustrie zu schaden, an der die meisten Industriearbeitsplätze in Deutschland hängen (jeder siebte). Elektroautos benötigen deutlich weniger Arbeitskraft sowohl in der Produktion als auch bei der Wartung.

- Begründung für die irrationale Energiewende und die EEG-Abgabe, um mit den höchsten Strompreisen in Europa der deutschen verarbeitenden Industrie zu schaden. Man spricht hier bereits von zehntausenden Arbeitsplätzen, die deshalb jährlich wegfallen.

- Begründung für die Energiewende mit ihren nicht grundlastfähigen Energiequellen (aus Sonne und Wind), um Blackouts, sprich mehrtägige Stromausfällen zu provozieren, die Deutschland ins Chaos stürzen können und die Landwirtschaft und Industrieproduktion in allergrösste Schwierigkeiten bringen können, bis hin zu wochenlangen Ausfällen.

Die Klima-Agenda der Globalisierungsfanatiker reiht sich somit ein in eine ganze Serie von Massnahmen, die nichts anderes sind, als ein Krieg gegen den Wirtschaftsstandort Deutschland, als ein Morgenthau-Plan 2.0. Die einzelnen Massnahmen:

- Unkontrollierte Masseneinwanderung
- Exportsanktionen gegen Russland und den Iran
- Euro-Rettung (ESM-Vertrag: die Nordländer zahlen Milliarden an die Südländer)
- Unverhältnismäßig hohe Strafen für die deutsche Autoindustrie wegen „Dieselgate"
- Industriespionage (hauptsächlich durch China und USA)
- Bienensterben durch Glyphosat und Insektensterben durch Windkraftanlagen
- Freihandelsabkommen (Mercosur)

Abgesehen von der Umweltzerstörung durch den Bau von Windkraftanlagen, dem gesellschaftlichen Schaden durch Masseneinwanderung und Islamisierung, ist es vor allem ein finanzieller Schaden, den Deutschland zu tragen hat:

Thema	Schäden / Kosten *	Betroffene
Euro-Rettung	27 Mrd. € s.q.	Steuerzahler
Dieselgate	30 Mrd. € s.q.	VW
Netto-Beiträge EU	15 Mrd. € p.a.	Steuerzahler
EEG-Abgabe	24 Mrd. € p.a.	Haushalte und Unternehmen
BW-Auslandseinsätze	30 Mrd. € p.a.	Steuerzahler
Einwanderung	50 Mrd. € p.a.	Steuerzahler
Industriespionage	60 Mrd. € p.a.	Unternehmen

* s.q. = status quo, p.a = per annum

16 Gutmenschen

Lieber Leser, Sie haben nun die Wahrheit über die Klima-Agenda erfahren und ahnen nun dass wir bei allen zentralen Themen der neuen Weltordnung von Politikern und Leitmedien systematisch belogen werden. Es könnte nun sein, dass Sie Menschen in Ihrem Umfeld von Ihren neuen Erkenntnissen überzeugen wollen. Wenn es sich dabei um eine Person handelt, von der Sie wissen, dass sie neuen Argumenten gegenüber offen ist und in der Lage ist, selbständig zu denken, dann sollten Sie das natürlich tun. Es wird sicher etwas Konstruktives dabei entstehen. Handelt es sich jedoch um eine Person, die sich den Denktypen Paradigmatiker oder Wunschdenker zuordnen lässt, dann ich Ihnen nur davon abraten. Ausser einem Streit wird nicht viel dabei herauskommen. Ich spreche hier aus eigener Erfahrung. Schonen Sie also bitte Ihre Nerven und tun Sie es nicht.

Eine offene Diskussion setzt voraus, dass beide Seiten sich von besseren Argumenten und Fakten überzeugen lassen. Ansonsten hat die Diskussion gar keinen Sinn. Sie setzt die Bereitschaft zum Denken, zum Nachdenken und den gemeinsamen Willen zur Wahrheitsfindung voraus. Bei psychopathologisch gestörten Gutmenschen funktioniert das aber nicht. Sie leben in ihrer eigenen Welt des Wunschdenkens und umgeben sich oft nur mit Gleichgesinnten, sie leben sozusagen in ihrer eigenen Filterblase. Sie haben ein großes Harmoniebedürfnis und vermeiden jeden Kontakt zu Informationen, die ihre „Traumwelt" gefährden könnten.

Das idealisiertes Weltbild der Gutmenschen hat meist diese Bestandteile:

- Alle Menschen sind gleich, man träumt von einer toleranten Multikulti-Gesellschaft
- Der Islam ist keine Gefahr.
- Das Deutsche Volk trägt ewige Schuld, weil es zwei Weltkriege „angezettelt" hat.
- Der Mensch ist Schuld am Klimawandel. Deutschland muss mit der Energiewende „mit gutem Beispiel vorangehen", andere Länder werden schon folgen.
- Alle Konservativen, Patrioten und AfD-Wähler sind „rechts" oder „Nazis" und müssen bekämpft werden.
- Deutschland ist eine Demokratie und ein Rechtsstaat.
- Die EU sorgt dafür, dass wir in Europa Frieden haben.

Treffen die Gutmenschen auf Ablehnung oder Kritik, reagieren sie empfindlich und gereizt. Ihr Verhalten ähnelt oft dem von quengelnden Kleinkindern. Gutmenschen sind extrem gefühlsgesteuert. Ihr einzige Maßstab, mit dem alles beurteilt wird, ist wie sich etwas *anfühlt*. In seiner Traumwelt fühlt sich der Wunschdenker wohl. Kommen Informationen ins Spiel, die geeignet sind, das eigene Weltbild zu stören, löst das unangenehme Gefühle aus, es kommt zu unterschiedlichen Reaktionen wie Wut, Aggressivität oder Flucht. Dieses Phänomen nennt man kognitive Dissonanz.

„Kognitive Dissonanz bezeichnet in der Sozialpsychologie einen als unangenehm empfundenen Gefühlszustand. Er entsteht dadurch, dass ein Mensch unvereinbare Kognitionen hat (Wahrnehmungen, Gedanken, Meinungen, Einstellungen, Wünsche oder Absichten). Kognitionen sind mentale Ereignisse, die mit einer Bewertung verbunden sind. Zwischen diesen Kognitionen können Konflikte („Dissonanzen") entstehen. (...) Dissonante Zustände werden als unangenehm empfunden und erzeugen innere Spannungen, die nach Überwindung drängen. Der Mensch befindet sich im Ungleichgewicht und ist bestrebt, wieder einen konsistenten Zustand – ein Gleichgewicht – zu erreichen."

Quelle: Wikipedia

Fazit

- Gutmenschen sind von der Realität abgekoppelt. Daher führt jede Diskussion ins Leere
- Sie lehnen jede Bewertung und Kritik ab.
- Sie haben ein gestörtes Verhältnis zu sich selbst, es besteht ein starker Realitätsverlust.
- Sie leiden unter einem chronischen Hyperaktivitätssyndrom. Sie sind nie erwachsen geworden.

Mit derart gestörten Personen sollte man nicht diskutieren. Es führt zu Nichts. Man sollte und müsste sie medizinisch behandeln. Doch dazu würden sie sich niemals freiwillig bereit erklären. Denn dies würde voraussetzen, dass die davon Betroffenen ihre Krankheit selbst erkennen. Das wird aber nie passieren, denn sie halten sich ja für gesund und die anderen für böse.

Diskutieren Sie nicht mit Jemand, der nicht dazulernen will, der „so bleiben will, wie er ist", das ist vergebliche Liebesmüh. Reden Sie lieber mit denen, die geistig offen sind. Das ist befriedigender für einen selbst und kann etwas Positives bewirken, indem man selbst von dem anderen lernt und dieser von einem, so dass beide vorankommen und sich weiterentwickeln können. Das ist vielleicht der Sinn des Lebens.